BIM 技术应用经典案例

中国建筑第五工程局有限公司
赵庆祥　周　普　　主编

中国建筑工业出版社

图书在版编目（CIP）数据

BIM 技术应用经典案例/赵庆祥，周普主编．—北
京：中国建筑工业出版社，2021.8（2022.8重印）
ISBN 978-7-112-26360-8

Ⅰ．①B⋯ Ⅱ．①赵⋯②周⋯ Ⅲ．①建筑设计-计算
机辅助设计-应用软件 Ⅳ．①TU201.4

中国版本图书馆 CIP 数据核字（2021）第 140884 号

本书由中国建筑第五工程局有限公司主编。作者将 BIM 技术应用案例在多种建筑工程
中的应用做了总结，并将这些案例汇集成书。案例详细阐述了 BIM 技术在建筑工程中的重
要作用，也展示了作者对 BIM 在建筑工程建设领域的熟练应用。全书共包括 6 章内容：技
术管理、安全管理、质量管理、进度管理、成本管理、平台应用。本书适合广大建筑施工
单位 BIM 专业人员阅读使用。

责任编辑：张伯熙
责任校对：赵　菲

BIM 技术应用经典案例
中国建筑第五工程局有限公司
　　　　　　　　　　　　　　　　主编
赵庆祥　周　普
＊
中国建筑工业出版社出版、发行（北京海淀三里河路 9 号）
各地新华书店、建筑书店经销
唐山龙达图文制作有限公司制版
北京建筑工业印刷厂印刷
＊
开本：787 毫米×1092 毫米　1/16　印张：11¼　字数：279 千字
2021 年 9 月第一版　　2022 年 8 月第二次印刷
定价：60.00 元
ISBN 978-7-112-26360-8
（37237）

公司简介

中国建筑第五工程局有限公司（以下简称中建五局）是中国建筑工程总公司的骨干成员企业。

中建五局年生产能力 200 亿元以上，位居中国建筑 500 强、中国建筑总承包商 50 强、湖南省百强企业前 10 名，先后获"全国守合同　重信用企业""湖南省优秀企业""全国五一劳动奖状""中国最具成长性企业""全国优秀施工企业"等称号。

经典工程：

中建五局认真践行总公司"中国建筑，服务跨越五洲；过程精品，质量重于泰山"的价值理念，多年来转战南北，角逐海外，先后承建了华能岳阳电厂、桂林两江国际机场、九景高速公路、贵阳花果园立交桥、湖南平和堂商贸大厦、湖南国际影视会展中心、湖南省游泳跳水中心、长沙卷烟厂技改工程、东莞玉兰大剧院、安徽电网调度大楼、龙湖·水晶郦城二期 K7 地块、张家界天门山索道、武汉新芯集成电路 FAB12A 厂房、长沙年嘉湖隧道、长沙时代购物中心、华南理工大学体育馆等大型工程，在国内外建筑市场享有盛誉。

科技优势：

中建五局崇尚科技进步和技术创新，在深基础施工、大面积混凝土无缝施工、超高层建筑、大型公共建筑、大跨度桥梁、超长隧道、高速公路、高速铁路、节能环保等方面形成了较为明显的技术优势，获国家级和省部级奖励 30 余项。中建五局关注顾客，精心施工，质量持续改进，2001 年通过质量管理体系认证，2003 年通过质量、环境、职业健康安全管理体系整合认证，2007 年导入卓越绩效模式，获"湖南省质量管理奖"，2008 年被授予"中国质量鼎"。累计获省部级以上优质工程奖 300 余项，其中多项工程获"鲁班奖""国家优质工程奖""詹天佑土木工程大奖""全国用户满意工程"等国家级奖项。

前　言

在"政府要求，市场需求"的背景下，我国的建筑业面临着转型升级，推进建筑信息模型（BIM）等信息技术在工程设计、施工和运行维护全过程中的应用，提高综合效益，是建筑业首要的工作任务，也是促进绿色建筑发展、提高建筑产业信息化水平、推进智慧城市建设和实现建筑业转型升级的基础性技术。BIM 技术将会在这场变革中起到关键作用，也必定成为建筑领域实现技术创新、转型升级的突破口。

随着承包方式的转变，BIM 技术成为 EPC 模式下精细化管理的宝刀，为建设工程提供创新技术手段和管理模式，开启了建筑管理效率的大门，成为提高工程项目管理水平的有效手段。整个项目的规划设计、施工、运营管理的水平得到显著改善，参建各方工作效率提高，沟通、工期和建造成本减少，实体质量提高，效益实现了全面提升。

本书正是在此前提下，积极响应推进 BIM 技术创效发展的要求，汇总了近年来中国建筑第五工程局有限公司 BIM 应用的优秀成果，内容包括建筑、结构、机电、装饰、幕墙等各专业，涵盖了技术、成本、进度、质量、安全文明施工等各管理方面，结合实际案例详细阐述 BIM 技术在建筑工程全生命周期中相关应用的操作标准、流程、技巧和方法，重点介绍 BIM 技术在相关环节的关键应用及效益分析，从整体上揭示了 BIM 技术在项目管理中的关键技术和整体应用策略。

笔者积累了深厚的 BIM 理论基础，在技术应用层面也取得长足进展，下一步的目标就是要将 BIM 技术与项目管理深度融合，解决 BIM 创效难的问题。在现阶段，BIM 技术所产生的效益不大，但仍有广阔空间需要我们去探索，促进 BIM 技术应用更上一层楼，创造出更高、更好的社会效益和经济效益。

本书编写指导委员会

主　任：田　华
副主任：何昌杰　王贵君

本书编委会

主　编：赵庆祥　周　普
副主编：夏道朋　李　强
编　委：戴　秘　粮洪波　张　扬　张道贺　程凤莲　陈彬彬
　　　　万东波　王　林　赵立博　郭　节　廖　凯　王安民
　　　　周　毅　张子竞　刘　卿　杜金辉　刘宇丰　周明亮
　　　　许伯文　余亚翔　梅雨凡　马锦熙　张　烈　毛海峰
　　　　王习渊　郭鸿儒　刘　播　徐俊丽　王　晓　吕　锦
　　　　陈　木　姚　圳　王　楠　贺方圆　张　越　刘　雷
　　　　巢　坚　石付海　杨建明　李建宇　谢成贵　马　川
　　　　孙　迪　张春燕　骆泽聪　曾定锴　张国良　周　兴
　　　　许静宜　谭勇峰　王　帅　谢春柏　汪　莹　梁　义
　　　　王应颉　周赤晨　黄思颖　郑　振　梁璐璐　甘茂峰
　　　　邓　熠　张一天　王江烽　王燚林　苏小江　温利军
　　　　曹章勖　刘香石　钟林波　周哲敏　陈文虎　李维达
　　　　文武斌　陈亚军　程　杨　李洪芳　王宇琛　黄　宇

目　　录

第一章 技术管理

第一节 测量放样

一、3D激光定位技术的应用

1. 项目概况

长沙梅溪湖国际文化艺术中心位于国家级新区——湖南湘江新区，总投资 28 亿元，总用地面积 10 万 m^2，总建筑面积 12.6 万 m^2，包括 4.8 万 m^2 的大剧院和 4.5 万 m^2 的艺术馆两大主体功能。大剧院由 1800 座的主演出厅和 500 座的多功能小剧场组成；艺术馆由 9 个展厅组成，展厅面积达 1 万 m^2。可承接世界一流的大型歌剧、舞剧、交响乐等艺术表演，建浅后将是湖南省规模最大、功能最全、国际一流的国际文化艺术中心（图 1）。

图 1 项目效果图

2. 应用目标

基于 BIM 技术的现场 3D 激光定位技术，将 BIM 中的定位信息在施工现场进行测量放样，保证 BIM 施工模型的信息精确度，提高了施工质量和效率，使得 BIM 模型更加有效地被应用到深化设计、施工、运维等各个阶段。更好地将 BIM 与现场结合，将模型信息精确反映到施工现场，必

将成为一种新的发展趋势。

3. 参与部门

见表 1。

参与部门　　　　　表 1

序号	部门名称	协作内容
1	设计部	模型处理
2	工程部	现场放样

4. 应用软件

见表 2。

软件清单　　　　　表 2

序号	软件名称	版本号	软件用途
1	Revit	2016	综合布线
2	BIM360	—	定位设置 模型传递 现场放样

5. 实施流程

实施流程如图 2 所示。

图 2 流程图

步骤一：利用审核完成的施工模型，建立定位放样模型，在 BIM 软件中安装"测量放样应用程序"的插件。

定位放样信息包括了控制点与定位点：

控制点是用于现场智能全站仪设站的定位点，是 BIM 技术与现场实际结合的基础点。控制点一般被设置于现场容易精确定位的位置，且由于现场柱、墙等结构的遮挡，控制点一般需被设置多个（控制点 1，控制点 2……），根据一般经验每个控制点可完成半径 50m 内定位放样点的定位，可根据现场实际情况进行设置。控制点一般在现场选定后，再在软件中进行设置（图 3）。

图 4 放样定位点放置（矩形方块）

将定位放样模型从云端同步至移动端。此时，移动端可在无网络的情况下进行测量放样（图 5）。

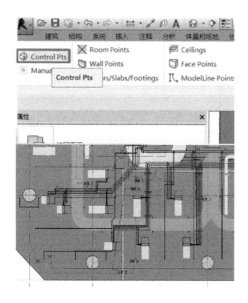

图 3 控制点设置

定位点是根据现场施工和 BIM 技术需要，在现场实际定位的点。以机电施工为例：如支架吊杆安装点、水管或风管的中心点等，在模型中，根据不同专业管线的要求，放置放样定位点（图 4）。

步骤二：定位模型完成后，通过 BIM 软件安装的"测量放样应用程序"上传至云平台。在有网络的情况下，使用人员可以使用"测量放样应用程序"，

图 5 定位放样模型

步骤三：将智能全站仪和已同步定位模型的平板电脑（移动端），带至施工现场，平板电脑与智能全站仪连接。在平板电脑的测量放样应用程序中打开定位模型，通过激光放线仪将智能全站仪设置在事先选定的控制点，在软件中选择相对应的控制点，完成锁定。完成这个控制点与施工现场相应位置的空间坐标映射，棱镜在显示中移动时，"测量放样应用程序"软件 3D 模型中的虚拟棱镜也会同步进行移动。

现场设站时，现场控制点的测量与智能全站仪设站的精度会直接影响真实三维

坐标与三维模型坐标之间的映射关系，是定位放线质量控制的重点。

组装好棱镜杆，并根据定位点所处工作面的情况，选择棱镜和激光放线仪的位置（图6）。

图6　选择棱镜和激光放线仪的位置

打开激光放线仪，确保其向棱镜一方发出的激光正好被位于棱镜顶端中部的挡片挡住，此时，向另一方发出的激光所投射的位置正好位于棱镜的正上方或正下方（图7）。

图7　棱镜杆（投影在顶板）

在软件中选择已设定好需要定位的点，此时，软件会显示虚拟棱镜与设定好的点的对应位置。将棱镜杆移动至需定位点附近（水平距离±15cm以内），检查水准仪，确保垂直杆的垂直和双层支架水平，通过调节十字精调装置上的旋钮对棱镜精调，使软件中虚拟棱镜的位置与定位点重合（图8）。棱镜所在位置即为模型中定位点在现场的准确位置。激光放线仪的投射

图8　棱镜与激光放线仪对正

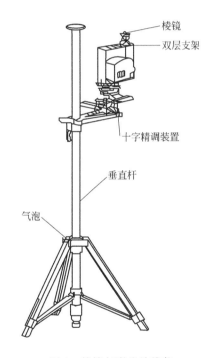

图9　棱镜与激光放线仪

激光，就是定位点在现场工作面的位置（图9）。

按不同管线的要求，分类标记激光投射的位置，完成一个定位点的定位后，重复上述操作，直到完成此控制点范围内各定位点的精确定位放线（图10、图11）。

完成一个控制点上的定位放样后，重复以上两个步骤。

图 10　现场定位操作

图 11　工作平面标记

6. 经验总结

（1）该技术对于技术人员及现场人员要求较高，需借助现场测量网络进行定位。

（2）该技术前期设备投入相对较大。

二、三维扫描技术的应用

1. 项目概况

独角兽岛启动区工程为中建五局牵头的 EPC 项目（图 1），它位于成都市天府新区兴隆湖畔，BIM 涉及所有设计专业，整个屋面网格结构由内部支撑网格筒＋外围 8 根钢管柱＋周边立体环形桁架支撑，结构及幕墙造型复杂，现场测量、施工面临巨大的挑战。

图 1 项目效果图

2. 应用目标

通过高速激光三维扫描测量，可以高效率、高精度地建立结构的三维实体影像模型，为后续的精装修、幕墙深化设计及施工提供可靠的依据，并有效地减少深化设计周期，提高施工质量及效率。

3. 参与部门

见表 1。

参与部门　　　　表 1

序号	部门名称	协作内容
1	测量部	三维扫描、输出三维坐标
2	设计部	生成三维模型

4. 应用软件

见表 2。

软件清单　　　　表 2

序号	软件名称	版本号	软件用途
1	激光扫描仪	RTC360	三维扫描
2	Rhino	6.0	模型生成
3	Cyclone	—	点云处理
4	Geomagic studio	—	变形分析

5. 实施流程

实施流程图如图 2 所示。

图 2 流程图

步骤一：现场勘察。根据现场勘察，确定合理的扫描方案，为了完整地获取主体钢结构点云，采用上下结合的扫描方式，在下部扫描时需要从不同的角度扫描，确保上部边缘线能够被完整地扫描（图 3）。

图 3 扫描仪站点选取

步骤二：现场扫描。根据前期的方案规划，合理地布设扫描站，扫描时，注意确保无人员及其他物件遮挡扫描仪。同时，现场测量人员配合放出控制点，根据控制点将点云数据转换成现场施工坐标系（图 4、图 5）。

步骤三：数据模型及偏差分析。将不同站点进行拼接，得到完整的数据模型，测量相对精度可达 1～3mm（图 6）。

图 4 现场扫描（一）

图 5 现场扫描（二）

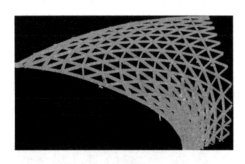

图 6 数据模型

采用 Geomagic studio 对数据模型与原设计模型进行偏差分析，分别在软件中导入独角兽设计模型和实测点云数据，运行分析功能，可以得到主体钢结构的偏差，颜色越深，偏差越大（图 7）。

步骤四：实体建模。采用 Cyclone 软件进行模型构建，得到钢结构实体模型，并将模型导出为 iges 数据格式，这样便可导入到犀牛软件进行格式转换，为后续幕墙的深化提供依据（图 8、图 9）。

图 7 偏差分析

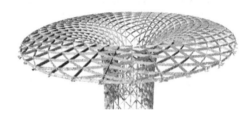

图 8 实际 iges 数据格式模型

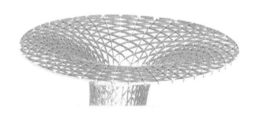

图 9 生成 Rhino 模型

步骤五：幕墙深化。将实测模型与设计模型进行对比、调整，对存在误差的分格定位点、分格线进行重新定位，根据现有实测模型和施工图中的系统、对应节点，对各个主要构件进行参数化生成，便于后期提取加工数据和施工数据（图 10、图 11）。

图 10 幕墙深化（一）

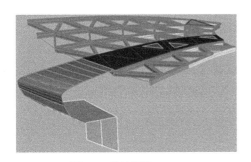

图 11　幕墙深化（二）

图 12　幕墙表皮深化模型

步骤六：导出深化模型指导施工。利用已深化完成的幕墙模型，可以直接提取相应的加工数据和施工数据，指导工厂加工生产及现场安装施工（图 12、图 13）。

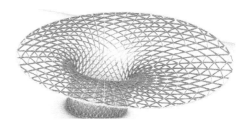

图 13　幕墙龙骨深化模型

6. 经验总结

（1）多方位扫描可增加三维模型的精度和完整性。

（2）现场扫描时，应保证无施工人员及其他物件干扰。

三、无人机倾斜摄影技术的应用

1. 项目概况

国道 310 洛三界至三门峡西段南移新建工程为 PPP 项目（图 1），涉及 BIM 专业为结构，项目地处黄土塬，沿线地形起伏，沟壑纵横，三座大桥均位于鸡爪手冲沟内，地形地貌十分复杂，项目前期勘测和规划等工作面临巨大的挑战。

图 1　项目效果图

2. 应用目标

可根据无人机生成数字高程模型。在数字高程模型的基础上，进行便道规划与土方计算，有利于便道坡度分析，减少了测量周期，提高了土方调配效率。

3. 参与部门

见表 1。

参与部门　　　　　　　　　　表 1

序号	部门名称	协作内容
1	测量部	测量放样
2	工程部	土方施工

4. 应用软件

见表 2。

软件清单　　　　　　　　　表 2

序号	软件名称	版本号	软件用途
1	Revit	2018	便道规划
2	Civil 3D	2018	土方计算
3	Photoscan	1.2.5	实景建模
4	Altizure	3.9.1	航线规划

5. 实施流程

实施流程如图 2 所示。

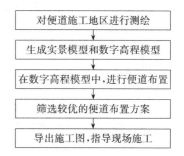

图 2　流程图

步骤一：对便道施工地区进行测绘。通过无人机倾斜摄影进行数据采集测绘；即通过移动设备使用航测 APP（如 Altizure、Pix4D、Rockycapture）进行操作，先规划数据采集范围，设置无人机航线、重叠率、倾斜角度等参数（图 3）。

图 3　测绘区域及航线规划

之后，进行数据采集；然后，将拍摄完成的影像数据进行整理（图 4）。

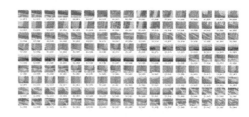

图 4　采集影像数据

无人机倾斜摄影是从多个角度采集影像，利用专业软件解析空中三角测量，进行几何校正，合成高精度三维可视化模型，以此为基础进行 BIM 正向设计。这样更能符合实际的地形地貌，且测绘效率更高。

步骤二：利用步骤一获得的测绘数据，生成实景模型和数字高程模型。通过建模软件Photoscan，对步骤一测绘得到的影像数据进行后期的处理，经由照片对齐、建立密集点云（图5）、生成网格及纹理（图6）后，生成实景模型（图7）和数字高程模型（图8）。

图 5　点云数据　　图 6　生成网格及纹理

图 7　生成实景模型　　图 8　生成数字高程模型

步骤三：基于步骤二生成的实景模型和数字高程模型，在数字高程模型中进行便道布置。基于生成的实景模型和数字高程模型，运用Revit等软件可在数字高程模型中进行便道的布置（图9）。

图 9　便道布置

其中，通过实景模型可以从多角度观察到地形地貌和地面附着物，有利于进行便道初步选线和便道规划；通过数字高程模型可以直观地看到便道坡率，有利于设计，并且能实时感受便道的设计效果。

步骤四：筛选较优的便道布置方案。基于步骤三生成的不同便道布置方案的数字高程模型，通过车辆转弯半径模拟和坡度分析，进行便道性能分析；通过Revit或Civil 3D等软件，对数字高程模型中的施工范围进行区域划分，并通过原始曲面（地貌原始曲面）和设计曲面（便道设计曲面）之间的体积差，计算便道土石方开挖量来进行经济效益分析，以筛选较优的便道布置方案。

步骤五：通过Civil 3D软件，将步骤四获得的较优便道布置方案的数字高程模型，生成为施工图指导现场施工。数字高程模型中包含高程及坐标数据，可被用于测量放样，将已完成的模型上传云端，进行可视化交底。

6. 经验总结

如场地未清表，且需更精确计算土方，则需要对DEM模型中的树木进行噪点处理。

四、三维扫描技术在钢结构安装校核中的应用

1. 项目概况

青岛市民健身中心建筑面积 7.5 万 m^2，采用大跨度弦支穹顶结构体系，最大跨度 132m，最小跨度 109m。此工程结构节点复杂，焊接量以及焊接难度很大，安装精度要求高（图 1）。

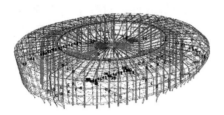

图 1　本项目钢结构模型

2. 应用目标

利用三维扫描技术逆向创建模型。在钢结构拼装过程中，对加工完成的大型钢结构构件、现场安装的完成构件进行尺寸检验，有利于防止钢结构构件在生产、拼装过程中，由于误差过大，给后期施工带来影响，有效地保证建筑安全，提高了施工精度、速度。

3. 参与部门

见表 1。

参与部门　　　　　　　　表 1

序号	部门名称	协作内容
1	测量部	构件扫描
2	技术部	图纸模型数据对比

4. 应用软件

见表 2。

软件清单　　　　　　　　表 2

序号	软件名称	版本号	软件用途
1	Tekla	19.0	绘制钢结构模型
2	SCENE	2016	点云拼接整合
3	Geomagic qualify	2016	扫描模型数据对比分析

5. 实施流程

实施流程如图 2 所示。

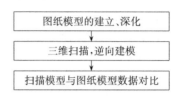

图 2　流程图

步骤一：图纸模型的建立、深化。

建立有效的 BIM 建模标准，主要是对构件的命名规则、深化图纸样板、存档标准进行规定，并进一步进行钢结构图纸模型的建立与深化（图 3～图 5）。

图 3　及时解决模型搭建过程中的碰撞

图 4　柱脚销轴深化模型

步骤二：三维扫描逆向建模。

分别在施工现场对已安装的构件进行扫描，进行安装定位复核。在钢结构件厂家

图 5　铸钢深化模型

对铸钢结构件进行扫描，进行尺寸校核。在扫描过程中，须从不同角度对转化站点已完成的构件进行全方位扫描（图6、图7）。

图 6　施工现场扫描

步骤三：扫描模型与图纸模型的数据对比分析。

通过 SCENE 软件将点云数据逆向建模生成三维模型，并去掉一些安全网或者

图 7　钢结构构件加工厂扫描

作业人员等干扰项，快速、准确地构建出钢结构构件模型。通过 Geomagic qualify 软件与图纸深化模型进行对比分析。

对于铸铁构件，从 3D 对比分析、2D 对比分析两个维度来进行。3D 对比分析帮助产生整体性判断，2D 对比分析可以与图纸数据直接进行对比，生成直观、准确的对比数据。

对于现场安装的构件，主要通过对三维模型产生的坐标值进行对比的方式，校核现场安装精度。

6. 经验总结

在构件被多角度扫描时，用标靶球定位，有助于完成整个构件被全方位扫描。

第二节 方案模拟

五、市政工程交通疏导模拟技术的应用

1. 项目概况

西安幸福林带位于西安市东部军工产业区，总规划长度 5.85km，平均宽度 200m，总造价约 200 亿元。幸福林带项目是全球最大的地下空间综合体之一，是全国最大的城市林带项目之一，是陕西省重点工程、生态工程、民生工程，建设内容包括地下空间、综合管廊、地铁、市政道路、园林绿化等（图1）。

图 1　项目效果图

2. 应用目标

为了减轻项目的施工对城市交通所造成的负面影响，缓解此类项目施工"阵痛期"的局部交通压力，建立切实可行的、高效的交通疏导方式。因此，项目采用 BIM 技术辅助设计场区内外交通疏导方案，寻求一种适合本项目的创新型交通疏导方案。

3. 参与部门

见表1。

	参与部门	表 1
序号	部门名称	协作内容
1	测量部	测量放样
2	工程部	现场施工

4. 应用软件

见表2。

	软件清单		表 2
序号	软件名称	版本号	软件用途
1	Revit	2018	疏导车道绘制
2	Civil 3D	2018	地形布置
3	InfraWorks	2016	交通疏导

5. 实施流程

实施流程如图 2 所示。

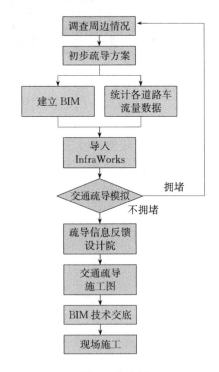

图 2　流程图

步骤一：调查周边情况。

根据幸福林带区域道路现有交通流量情况，将道路按照流量分为主要道路、次

要道路、辅助道路。

步骤二：初步疏导方案。

联合建设单位、设计单位、施工单位组织初步疏导方案讨论，得出多个备选方案。

步骤三：建模及车流量统计。

根据初步疏导方案，建立各个路口交通疏导模型，并对幸福林带项目影响范围内所有道路交通流向、流量及交通出行特征，做一次定量的统计调查，掌握实际车辆流通情况，分组统计 12 小时（上午 7：30 至晚上 7：30 点）车辆流通情况（图 3）。

图 3　Revit 路口模型图

步骤四：调查结果分析。

根据调查结果分析、统计出各路口、各时段车流量。

步骤五：数据导入 InfraWorks。

将收集统计的数据导入 InfraWorks 软件，并设置交通研究区域。

将之前统计的各高峰时间段、车流量、路口红绿灯时间、路口车流方向等数据分别输入软件。

使用云端计算软件可得出交通模拟动画效果，通过添加车道、信号灯时间、调整方案等形式，调整红色拥堵区域，使其尽量缩短或消失，可得出最优车流交通疏导方案。

步骤六：信息反馈设计院出正式施工图。

将交通疏导模拟的信息反馈至设计院，由设计院出具正式疏导图。

步骤七：BIM 交底辅助现场施工。

由最终的交通疏导 BIM 模型做出 BIM 施工交底书，指导现场完成施工（图 4）。

图 4　施工完成后现场效果图

6. 经验总结

（1）应在前期准确统计各路口车流量，防止后期因数据误差，导致计算错误。

（2）对车流量较大的十字路口，可采用大环岛的方式进行疏导，防止因等待红绿灯导致的交通拥堵。

六、BIM 技术在土方开挖中的应用研究

1. 项目概况

项目位于河南省郑州市的核心地段，工程建筑面积约 88 万 m^2，地下四层，地上二十二层，裙房四层，建筑高度 99.8m。其中，基坑面积约 24 万 m^2，深度 14.5m，根据地勘报告显示，本工程基坑等级为一级。基坑设计有三轴搅拌桩、TRD 工法水泥土搅拌墙止水帷幕、支护排桩、钢筋混凝土内支撑及格构柱。基坑面积大、周边延线长、开挖深度大，土层大多为砂层，易塌方，施工危险性大。土方开挖的行车路线、开挖顺序、每次开挖深度至关重要，格构柱、降水井需被重点保护。

2. 应用目标

采用 BIM 技术进行方案模拟和对比分析，确定土方开挖方案。在现场支撑和降水井方案指导下，制定开挖组织方案，对方案进行可视化交底，直观指导现场施工，为类似复杂工况下土方开挖和运输提供施工经验。

3. 参与部门

见表 1。

参与部门　　　　　　表 1

序号	部门名称	协作内容
1	技术部	方案编制
2	工程部	具体施工
3	商务部	成本测算

4. 应用软件

见表 2。

软件清单　　　　　　表 2

序号	软件名称	版本号	软件用途
1	Revit	2018	模型建立
2	广联达三维场地布置	1.1.88	动态模拟
3	理正深基坑	7.0	应力计算

5. 实施流程

实施流程如图 1 所示。

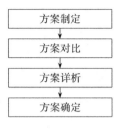

图 1　流程图

步骤一：基于 BIM 的开挖方式对比。

土方开挖的常用方法包括了放坡开挖、盆式开挖、岛式开挖，而由于场地局限，没有足够的面积用于放坡，因此，只能选取盆式开挖或岛式开挖。岛式开挖具有挖土和运土速度快的优点，但是支护结构承受荷载时间长，在软黏土中时间效应显著，有可能增大支护结构的变形量，对于支护结构受力不利。盆式开挖可以使周边的土坡对围护墙有支撑的作用，减少了围护墙的变形，其缺点是大量的土方不能被直接外运（图 2、图 3）。

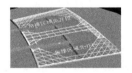
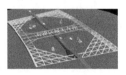

图 2　岛式开挖　　　图 3　盆式开挖

仅仅依靠简单的理论，无法选择开挖方案。BIM＋的可视化和可模拟性的优点在此刻得到了凸显。通过对盆式开挖和岛式开挖两种方案进行对比模拟，可以直观地得出各种方案在本项目中的优劣，提供了高效、准确的决策依据。

尽管在土方开挖的过程中，土方外运效率较低，但是，通过分析两种方案对后续施工的影响，选择出较好的方案：盆式

开挖角撑区域先见底，该区域筏板负四层施工完成后，可以拆除对撑，拆除后该区域可以直接向上施工，和其他区域形成流水。岛式开挖角撑区域先见底，该区域筏板负四层施工完成后，不能拆除角撑，须等到整个基坑负四层封闭后才能拆除支撑，无法形成流水，窝工严重。因此决定采用盆式开挖。

步骤二：开挖方案制定。

土方开挖的主要问题来自 3 个方面：①基坑本身属于超大面积的深基坑，施工危险性大。②作业面狭小，渣土外运困难。③正逢雨期，地下水位高，不利于土方开挖。

针对以上问题对基坑支护进行三维受力分析，对基坑的受力及变形情况进行建模，记录数据。根据受力情况分析结果，借助 BIM 技术对基坑支护进行设计深化：增加 48 根型钢斜抛撑，进一步对基坑进行加固和稳定，利用 BIM 可视化的优点与特性进行碰撞测试，合理避让，从而确保工程安全进行，避免由于结构碰撞造成的进度影响（图 4、图 5）。

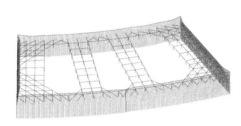

图 4　基坑支护变形分析（位移云图）

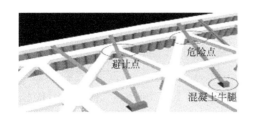

图 5　增设抛撑节点图

由于现场场地狭小，内支撑下格构柱较多，而大型机械对空间要求高，如何精确排布格构柱给车辆预留足够操作空间就成了亟待解决的问题。技术人员在该施工阶段通过建立 BIM 场地布置模型，针对土方阶段出土道路转弯半径及内支撑下临时道路进行优化，最终确定了转弯半径与柱间的合适距离，从而保障了车辆通行顺畅，提高了作业效率（图 6、图 7）。

图 6　土方开挖场地布置

图 7　出土道路

针对地下水位高，砂性土质透水性较大、保水性差的特点，通过试验优化水泥掺量、膨润土掺量、钻进速度等施工参数，确保了施工质量。通过向专家咨询的方式，进行大规模降水，力求高效、高质量地完成降水作业。

由于增设的内支撑以及降水井对土方开挖影响严重，技术人员采用 BIM 技术针对土方开挖进行模拟。通过调整降水井位

置，并将钢管井优化为无砂滤管井，优化
作业环境的同时又增加了可控性，将出土
效率由 $4000m^3/d$ 提高到 $8000m^3/d$（图8、
图9）。

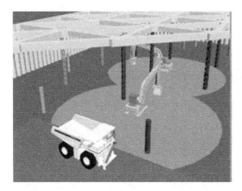

图8　土方开挖

图9　运输线路

步骤三：掏挖和转运问题解析。

以组团四 14/15 地块深基坑开挖为
例：利用 BIM 对内支撑下机械作业空
间、格构柱、降水井、临时出土坡道等
位置数据进行模拟分析，制定土方开挖
施工部署。

第一阶段：表层土开挖（阴影区），土
方现状标高 82.5m，开挖至内支撑底标高
81.5m，四个角已被挖至支撑标高。对阴
影区进行土方开挖，开挖深度 1m，共计
$14300m^3$，配置 2 台挖掘机、8 辆渣土运输
车，沿箭头方向从 15 地块向 14 地块施工，
坡道被留在 13 地块（图10、图11）。

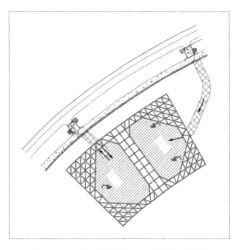

图10　14/15 地块一阶段开挖部署

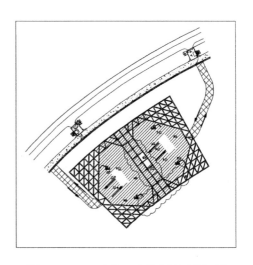

图11　14/15 地块一阶段表层开挖部署

第二阶段：空白区下挖（阴影区，面
积 $10500m^2$），土方开挖标高 81.5～77m，
开挖深度 4.5m（每层开挖 1.5m，分 3 层
开挖）。主要对阴影区进行土方开挖，共计
$65200m^3$（包含刷坡部分），配置 3 台挖掘
机、16 辆渣土运输车（图12）。

第三阶段：支撑下部土体掏挖（阴影
区），待 A1、A2 区土方开挖至 77m，即
挖至内支撑下 4.5m 时，采用小型挖掘机
对支撑下土体进行掏挖，小型挖掘机转
运至空白区，再用大挖掘机挖土、装车，
将土方运走（图13）。

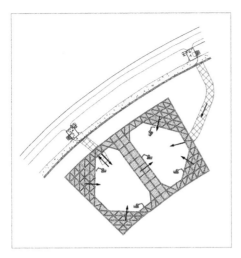

图 12　14/15 地块二阶段开挖部署

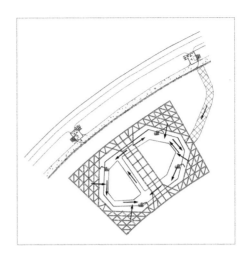

图 13　14/15 地块二阶段开挖部署

6. 经验总结

（1）随着施工进展，基坑的受力情况会时刻变化，在用 BIM 相关软件对基坑受力情况做出分析的同时，做好观测与记录。

（2）在深基坑土方工程中，工作人员需要时刻关注水位变化。在准备降水工作的同时，也要利用好 BIM 可视化的特性，进行深度模拟分析，减少碰撞对机械作业的不利影响，注意工序衔接的整体把握，使用 BIM 进行模拟可以有效地反映各方案的优劣。

七、基于 BIM 技术的基坑出图应用

1. 项目概况

首创光合中心位于北京市大兴区，是总建筑面积 22.4 万 m^2 的大型综合体施工总承包项目（图 1）。集水坑、电梯基坑、下柱墩错综复杂，标高控制与基坑放坡成为施工难点，超挖与欠挖会导致工期拖延，会出现钢筋下料返工、成本增加的情况。

图 1　项目效果图

2. 应用目标

利用基坑三维模型导出精确的开挖施工图指导现场开挖，控制现场实际开挖精度，提高后期钢筋翻样的准确性，减少钢筋下料返工，按现场需求提供混凝土工程量明细，减少粗放式管理，提高现场人员工作效率。

3. 参与部门

见表 1。

	参与部门	表 1
序号	部门名称	协作内容
1	测量部	测量放样
2	工程部	土方施工

4. 应用软件

见表 2。

	软件清单		表 2
序号	软件名称	版本号	软件用途
1	Revit	2016	三维建模
2	CAD	2014	图纸处理

5. 实施流程

步骤一：识图准备。对照建筑图纸与结构图纸，确认各区域的板厚、标高、放坡角度。对起坡下口线与底标高，应充分考虑垫层、褥垫层及防水层的厚度。

步骤二：模型创建。使用 Revit 软件，选用公制结构基础新建族文件，导入主楼 CAD 图纸。

使用拉伸命令创建主楼区域的地基平面。此平面为主楼区域开挖的作业面（模型创建应模拟出实际开挖后具备褥垫层施工的现场情况，开挖作业面的标高应为基础板底标高加褥垫层、垫层、防水保护层后的标高）（图 2）。

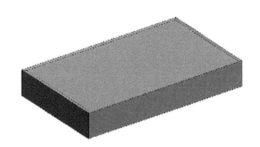

图 2　创建地基平面

使用空心融合命令，依次在模型中创建集水坑、电梯基坑、下柱墩等开挖形状。

根据平面图与剖面图的做法，绘制底部轮廓线（下口线定位要考虑加入褥垫层后，平面尺寸变大的影响，避免因集水坑尺寸偏大，导致了混凝土工程量增加）。

根据放坡角度、坑顶标高、坑底标高绘制顶部轮廓线。

参照图纸，确定开挖形状、底部位置、顶部位置（图 3）。

使用剪切命令，依次选定各空心融合形状与地基平面模型，从而完成剪切工作（图 4）。

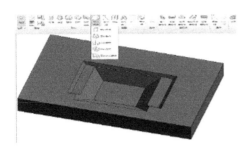

图3 确定开挖形状等

图4 使用剪切命令

在模型中标注各坑底标高信息,完成参考效果图(图5)。

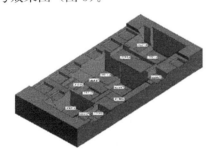

图5 参考效果图

根据模型导出平面图,在 CAD 中区分底口开挖线与上口开挖线,注明标高信息。

利用开挖前与开挖后的体积参数信息,结合筏板顶标高数据,完成对主楼区域混凝土浇筑工程量的统计(图6)。

限制条件	≫
标高	标高 1
主体	标高:标高1
偏移量	−21560.0
与邻近图元一同...	☐
尺寸标注	≫
体积	15724.617m³
标识数据	≫
图像	
注释	
标记	
阶段化	≫
创建的阶段	阶段 1
拆除的阶段	无

图6 体积参数信息

6. 经验总结

(1)在创建基坑模型的过程中,应提前考虑由于加入褥垫层后平面尺寸变大的影响,避免开挖后尺寸变得偏大,有效地控制筏板面积。

(2)如需通过模型进行精确的筏板基础混凝土工程量计算,要对模型中各坑标高上提数值(上提数值为褥垫层、垫层、防水保护层厚度总和)。

八、BIM 技术在深基坑内支撑拆除中的应用研究

1. 项目概况

郑东新区北龙湖金融岛项目，定位为世界级金融商务区，由地下四层外环路相连，紧邻地下综合管廊。其中，金融中心外环 19 号、20 号楼，基坑工程面积约 12 万 m^2，深 14.5m，支护结构由排桩和钢筋混凝土内支撑组成。基坑采用顺作法施工，基坑竖向共设置一道钢筋混凝土水平支撑、四周角撑、中间对撑、钢筋混凝土内支撑。现场实景图如图 1 所示。

图 1　现场实景图

2. 应用目标

运用理正深基坑计算软件对深基坑进行三维受力分析，根据分析结果绘制基坑变形云图，找到土方开挖、内支撑拆除等工况下的基坑变形危险点，并在施工过程中对变形较大的危险点进行多次监测，保证施工安全，防止基坑坍塌。采用 BIM 技术进行施工模拟、可视化交底，指导现场施工，安全、高效地进行内支撑拆除，最终形成相应的关键技术成果，节约了工期和造价，可为其他类似工程的内支撑拆除提供参考。

3. 参与部门

见表 1。

4. 应用软件

见表 2。

参与部门　　　　　　表 1

序号	部门名称	协作内容
1	技术部	方案编制
2	工程部	具体施工
3	商务部	成本测算

软件清单　　　　　　表 2

序号	软件名称	版本号	软件用途
1	Revit	2018	模型建立
2	Navisworks	2018	动态模拟
3	理正深基坑	7.0	应力计算

5. 实施流程

实施流程如图 2 所示。

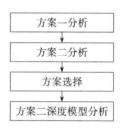

图 2　流程图

本项目的内支撑拆除条件应满足：换撑板带施工已完成，且结构强度达到 80%。借助 BIM 技术对绳锯切割＋满堂脚手架临时支撑＋塔式起重机外运、绳锯切割＋钢马凳临时支撑＋叉车外运两种拆除工艺进行模拟对比分析，选取最优施工方案，指导现场内支撑拆除，为项目创造最佳的经济效益和社会效益。

步骤一：方案一分析。

内支撑拆除工艺：绳锯切割＋满堂脚手架临时支撑＋塔式起重机外运。换撑板带施工完成且强度满足要求后，搭设满堂脚手架作为临时支撑体系，利用绳锯将一段内支撑分割成多段，利用塔式起重机将

其运出场外，待内支撑拆除完工后，再将脚手架拆除。结合本项目特点和现有的施工条件，方案一的工程实景图如图3所示，利用BIM空间分析对内支撑拆除工艺进行模拟，见图4，模拟结果显示满堂脚手架搭设及拆除繁杂、效率低下，钢管投入量大。

图3 方案一工程实景图

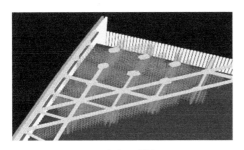

图4 方案一模拟图

步骤二：方案二分析。

内支撑拆除工艺：绳锯切割＋钢马凳临时支撑＋叉车水平运输，工程实景图见图5。换撑板带施工完成且强度满足要求后，搭设钢马凳作为临时支撑，利用绳锯将一段内支撑分割为三段，然后用叉车将其运出场外。利用BIM技术对该内支撑

图5 方案二工程实景图

拆除工艺进行模拟，如图6所示。

图6 方案二模拟图

步骤三：方案选择。

经过初步对比，优先选择方案二。

步骤四：方案二深度模型分析。

通过BIM技术对上述两方案的模拟对比分析，最终确定采用方案二。

（1）拆撑顺序

利用三维数据模型对拆除顺序、叉车操作空间、运输路径、钢马凳临时支撑间距等反复推演，同时参照钢马凳临时支撑受力模型简化，得出结论：先拆除角撑。通过模拟结果得出实现资源最优的配置、施工空间利用率最佳的内支撑拆除顺序：拆除支撑遵循对称拆撑原则，总体顺序为东西向同步、东北及西南向同步、西北及东南向同步，先后流水对称，由外而内同步拆除。该方案的具体步骤为：在支撑梁两端搭设钢马凳临时支撑，再进行切割拆撑施工。先拆对撑，再拆角撑；先拆连杆，再拆主撑。

（2）水平搬运

根据施工现场条件，基坑东侧为管廊顶，不能布置汽车式起重机。在基坑北、南两面布置地面起重机，通过碰撞检查确定了汽车式起重机的最佳位置，汽车式起重机进行了切割后的支撑体吊装工作。对于基坑内不能被直接吊装的支撑，采取10t小叉车二次水平搬运至汽车式起重机吊装半径内进行吊装作业的方式。

6. 经验总结

（1）满堂脚手架支撑成本较高、效率低，架体下方工作面狭小，不利于流水施工。在各类分部分项施工的过程中，应避免使用满堂脚手架。

（2）一些传统的、灵活性较差的分项工程（如内支撑拆除），投入资源多，工作面受限，不易形成流水。

九、BIM 施工方案模拟在项目中的应用

1. 项目概况

项目位于岳阳城陵矶综合保税区，南临云港路，西临毛斯垄路，东临松树垄路，总建筑面积 58.8 万 m²。其中，厂房区建筑面积 31.4 万 m²，生活区建筑面积 27.4 万 m²，属 EPC 项目，涉及 BIM 专业为水、电、暖通、消防（图 1）。

图 1　项目效果图

2. 应用目标

利用 BIM 技术的可视化、空间化特点，针对技术复杂的专项工程施工方案，运用 BIM 技术建立各方案对应的现场施工模型进行施工模拟。根据现场模拟，找出最佳施工方案，报设计、业主沟通后实施。辅助施工决策与现场管理，提高了沟通效率，对结构复杂节点及现场施工难点进行可视化三维交底，更直观、更形象、易接受、指导性强。

3. 参与部门

见表 1。

	参与部门	表 1
序号	部门名称	协作内容
1	技术部	施工方案模拟
2	工程部	现场施工
3	安全部	安全管控
4	质量部	质量管控

4. 应用软件

见表 2。

		软件清单	表 2
序号	软件名称	版本号	软件用途
1	CAD	2014	图纸处理
2	Revit	2016	建模
3	Navisworks	2016	三维模拟
4	Fuzor	2016	三维模拟

5. 实施流程

实施流程如图 2 所示。

图 2　流程图

步骤一：前期数据收集以及编制初步施工方案。

前期所要收集的数据包括现场所需的材料、机械，包括工程详细节点图纸、规范图集等（图 3）。

步骤二：建立 BIM。

通过 Revit 建立 BIM，模型应该包括图纸涉及的相关构件及设备等施工措施（图 4）。

步骤三：制作施工模拟文件。

将上一步建立的 BIM 导入 Navisworks 软件，并结合施工工序及初步的施工方案，制作施工模拟文件（模拟文件包含模型及相关参数计算文件）。组织项目专业主管及各专业劳务带班及施工人员，针对方案进行可行性探讨，对方案中的不足进行改进，选取最优方案作为施工方案（图 5）。

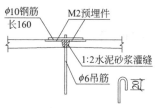

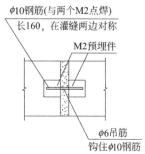

图 3　图集相关做法（mm）

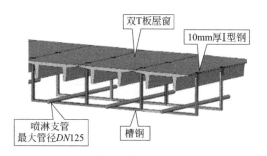

图 4　建立 BIM

图 5　施工方案模拟

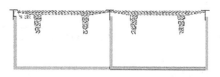

图 6　指导施工

图 7　现场施工（一）

图 8　现场施工（二）

图 9　现场施工（三）

步骤四：修改施工方案。

根据方案模拟中提出的各项问题修改施工方案，然后根据修改的施工方案再次进行施工模拟，如此通过 PDCA 的模式不断推敲和修改施工方案，最终完成符合工程实际的施工方案，并指导施工；运用 Navisworks 及 Fuzor 软件进行三维可视化交底（图 6～图 9）。

6. 经验总结

BIM 技术应用于施工方案模拟，可以解决空间上各类构件的位置关系、施工工序不易确定等难题。通过 BIM 技术进行反复模拟，可以使施工方案更加明确及细化，并符合现场实际情况，避免返工而耽误工期，从而提高了管理效率，节约了项目成本。

十、BIM 技术在方案模拟中的应用

1. 项目概况

长春远大购物广场包括了超大型综合商业、住宅、SOHO 三大复合型业态（图 1），建筑面积约 26 万 m^2。

图 1 项目效果图

2. 应用目标

本项目利用 BIM 可视化、优化性、模拟性的特点，对中庭部分施工进行方案设计和优化，通过视频直观地展示施工重点和难点的操作步骤、施工工艺、安全措施，让施工人员更深入地理解施工方案，提高了施工质量，提高了施工效率。

3. 参与部门

见表 1。

参与部门　　　　　　表 1

序号	部门名称	协作内容
1	技术部	施工方案设计 技术交底
2	工程部	技术实施
3	安全部	安全措施实施

4. 应用软件

见表 2。

软件清单　　　　　　表 2

序号	软件名称	版本号	软件用途
1	Revit	2018	数字模型构建
2	Navisworks	2018	施工方案设计和优化
3	Twinmotion	2018	三维视频制作

5. 实施流程

实施流程如图 2 所示。

图 2 流程图

步骤一：对中庭部分施工图纸进行分析，获取构件绘图信息。收集所需施工的全部构件，并搭建全部构件三维模型。将模型分解、梳理和排序，对需要进行模拟施工的工序进行整理，将所述构件安放到设定的位置，形成完整的模型（图 3～图 5）。

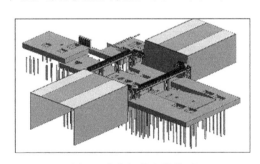

图 3 连廊部分主体模型

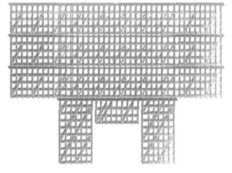

图 4 脚手架模型

图 5 临时管道模型

步骤二：在步骤一模型的基础上，用 Navisworks 对施工方案编制模拟动画。按工序的先后顺序合理排布，技术部和工程部结合施工工艺、规范和实际现场条件，对比不同施工方案的可行性，获取最优方案。

步骤三：在步骤二最优施工方案的基础上，加入时间维度，形成 4D 方案，利用 Twinmotion 软件将方案制作成施工动画，将复杂的空间关系和技术工艺通过动画展现，确保工程顺利、优质，避免不必要的返工（图 6~图 9）。

图 6 临时钢架细部防水工艺模拟

图 7 局部施工节点工艺模拟

其中，通过实景模型可以从多角度观

图 8 中庭连廊部分超高脚手架施工模拟

图 9 中庭两端不同地块施工顺序模拟

察到地形和地下原有附着物的情况，有利于对施工方案的实时调整。

在视频的基础上，对项目班组人员进行施工方案可视化交底和安全质量可视化展示，直观地展示了施工重点和难点的操作步骤和施工工艺。通过可视化交底和传统纸质文档交底的结合，能够让现场施工人员更好、更深入地理解施工方案（图10），提高了施工质量，避免了工期的延误。

图 10 现场施工方案技术交底与专家论证

6. 经验总结

（1）在施工方案模拟前，应对施工重点和难点进行详细了解，与编制施工方案人员勤沟通，多交流。

（2）模拟施工方案时，应做到准确无误，且直观易懂，以便现场人员能更深入地理解施工工艺。

十一、BIM幕墙系统工序模拟

1. 项目概况

深圳技术大学项目位于深圳市坪山新区，是深圳市政府为建设高水平、国际化、应用型技术大学而投资建设的重点项目（图1）。在本项目的建设过程中，进行了BIM幕墙系统工序模拟。

图1 项目效果图

2. 应用目标

根据深化的施工图纸，通过对复杂施工节点模拟，采用虚拟仿真技术展示施工工艺流程，优化施工方案，指导现场施工，保证了施工的顺利进行。

3. 参与部门

见表1。

参与部门 表1

序号	部门名称	协作内容
1	设计部	建立三维模型、节点模型爆炸图,对施工人员进行技术交底
2	生产部	现场要求施工人员严格按照交底工序施工

4. 应用软件

见表2。

软件清单 表2

序号	软件名称	版本号	软件用途
1	Rhino	6.0	建立节点模型
2	Vray	Vray for Rhino 3.4	用于渲染真实效果
3	Photoshop	CC 2018	制作动图

5. 实施流程

步骤一：使用犀牛软件，导入CAD图纸，将所有的节点图纸变为三维的模型（图2），一是方便观察节点，二是通过爆炸图展示工序模拟。

图2 犀牛软件建模

步骤二：在犀牛软件中按照真实的施工步骤，将模型分步进行组装。利用Vray插件将其渲染成效果图（图3）。

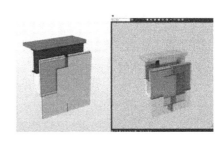

图3 正在渲染的爆炸图

步骤三：将分步渲染好的效果图（爆炸图）导入修图软件中进行下一步的处理（图4～图6）。

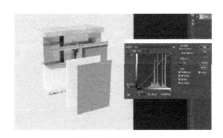

图4 美化图片

图 5　在软件中添加文字及制作动图

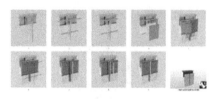

图 6　标准工序模拟

使用同样的方法做出更多复杂的工序模拟（图7）。

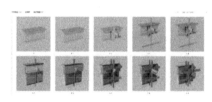

图 7　图书馆装饰格栅节点

对于许多常规的、类似的其他节点，可以只做出效果图，用来展示最终的效果（图8）。

步骤四：在对施工人员进行技术交底的时候（图9），将工序模拟的动图及详细

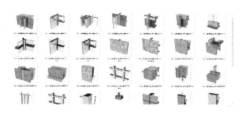

图 8　大数据部分节点效果图

施工工艺在 PPT 上展示，严格要求按图施工，按效果施工。在施工过程中，各施工人员会进行相关检查，保证最后的效果。

图 9　对施工人员进行交底

6. 经验总结

（1）通过 BIM 技术在工序模拟的应用，可以方便地检查图纸问题和技术交底。

（2）在展示 BIM 成果上，不但可以满足业主对 BIM 的交付要求，而且对展示公司技术实力有很大的帮助。

十二、施工场地布置

1. 项目概况

太原保利茉莉公馆住宅小区项目为普通住宅小区项目,地处山西省太原市。项目施工范围与后续施工标段场地相接,无法形成环形回路。现有施工场地范围内新建建筑较多,施工场地范围狭窄,场地布置对后续施工进度、施工成本有较大影响。

2. 应用目标

分阶段绘制施工场地布置图(含地基与基础阶段、主体结构阶段及装饰装修阶段),更加直观地反映了现有施工场地布置图存在空间利用不合理的状况。应及时调整,确定吻合项目自身特色的场地布置平面图,确保施工场地布置图能够满足生产需求,减少施工成本。

3. 参与部门

见表1。

参与部门　　　　　　　　表 1

序号	部门名称	协作内容
1	技术部	绘制施工场地布置图,生成施工场地布置模型,并进行场地布置合理性的讨论修改
2	工程部	协助测量,协助施工场地布置调整

4. 应用软件

见表2。

软件清单　　　　　　　　表 2

序号	软件名称	版本号	软件用途
1	Autodesk CAD	2014	场地布置图纸绘制
2	广联达 BIM 场地布置	V7.6	施工场地布置图绘制

5. 实施流程

实施流程如图1所示。

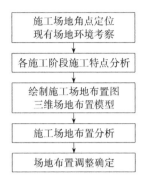

图 1　流程图

步骤一:将现有施工场地内各角点、基坑拐点及场地内树木、原有建筑物测点定位,将场地内不利施工因素在图纸中标记,绘制现有场地环境布置图。

步骤二:地基与基础阶段施工、主体结构阶段施工、装饰装修阶段施工是按照结构形式、工程部位、设备种类等因素划分,每一施工阶段具备其施工阶段特性,对不同资源、场地的利用需求不同,需根据各施工阶段施工特性进行场地布置,确保场地布置的合理性。

步骤三:基于现有施工场地布置图、各施工阶段场地特性及进度计划等重新绘制成场地布置图及三维场地布置模型(图2)。

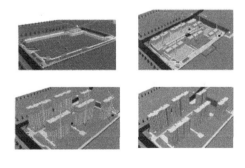

图 2　各施工阶段三维场地布置模型

步骤四:依现有施工场地模型,对各施工场地划分的合理性、可行性、经济性分析，主要从以下方面进行：

各施工阶段钢筋加工场的布置位置，减少钢筋加工场的移动位置。使用广联达 BIM 施工现场布置软件进行现场进度模拟，根据施工场地内道路及施工进度变化，将钢筋加工场从场地外移动至场地内，避免在施工时钢筋场地的移动，节约了成本（图 3）。

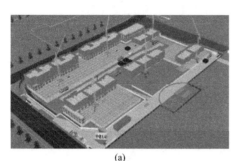

(a)

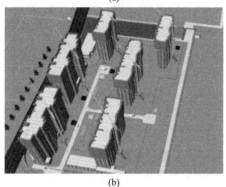

(b)

图 3 各施工阶段钢筋加工场位置

周转材料场地须在塔式起重机范围内布置，可减少部分零星机械使用，且提升周转材料运输的效率（图 4）。

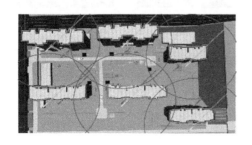

图 4 塔式起重机工作半径示意图

施工场地内施工路线须同时满足不同楼的施工需求，须针对场地内不能形成环形回路进行有效的布置（图 5）。

图 5 施工场地内路线布置图

须综合考虑场地大门的布置，确保满足使用需求（图 6）。

图 6 大门位置选取布置图

须依据有效作用半径布置环保机械，保证环保机械的合理使用，满足施工场地的环保需求（图 7）。

图 7 环保机械布置图

根据场地模型分析场地内高风险施工点，合理布置安全通道。

以减少使用次数为原则布置场地内必要的设施，本项目不同施工阶段内水泵房、试验室、配电箱等必要施工设施均在同一位置，未发生移动（图 8）。

布置塔式起重机时，须按照规范要求

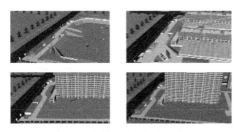

图 8　不同施工阶段水泵房、
试验室、电箱位置布置图

选取施工半径，确保群塔作业的合理性。

主体结构地下使用木模板，地上结构使用铝模板，根据施工阶段不同分阶段布置。

在各阶段施工场地的布置过程中，合理选择在建建筑物的施工顺序。

步骤五：依原有场地布置分析，调整三维场地布置模型。

6. 经验总结

（1）场地布置须对场地角点及基坑角点进行定点。

（2）三维场地布置模型须分阶段绘制，便于后续施工模拟动画的制作。

（3）三维场地布置模型须分类绘制，保证绘图速度。

第三节 方案比选

十三、BIM 技术在围堰基坑道路开挖方案比选中的应用

1. 项目概况

井冈山航电枢纽工程在江西省吉安市，地处赣江中游河段。为满足发站厂房主机段工程土石方开挖、混凝土浇筑、金属结构建设和机电设备安装、基础灌浆等施工需要，在施工总布置道路的基础上修建了两条临时的施工道路（图1）。

图 1 项目效果图

2. 应用目标

在开挖之前，运用 BIM 技术对基坑道路的布置进行优化。将传统 CAD 与新兴 BIM 技术结合，使基坑道路的布置更加立体、形象，有助于合理地比选各个道路的布置方案。

3. 参与部门

见表1。

参与部门 表 1

序号	部门名称	协作内容
1	测量部	测量放样
2	工程部	土方施工
3	物资部	机械材料调配
4	安全部	安全管理

4. 应用软件

见表2。

软件清单 表 2

序号	软件名称	版本号	软件用途
1	Revit	2018	基坑建模
2	Civil 3D	2018	道路设计
3	CAD	2016	平面读图

5. 实施流程

实施流程如图2所示。

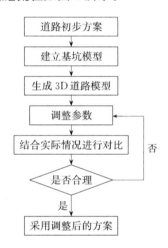

图 2 流程图

步骤一：道路初步方案（方案一）

在 CAD 平面布置图的基础上，进行道路 3D 模型的建立，希望发现初步方案的不足之处并加以改进。

根据 CAD 平面布置图建立的初步方案 3D 模型如图3所示。

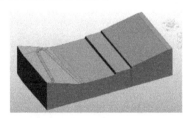

图 3 初步方案 3D 模型

CAD平面布置图中并未明确边坡坡度，初步拟定为1:2。对于道路纵断面，按转弯处无纵坡、其余路段均匀下降的方式拟定。

按上述方案，建立1:2边坡坡度的道路3D模型。

从模型中可以看出，1:2边坡坡度对基坑底部有一定的占用，且第一段下基坑道路挖方较大，暂不考虑该方案。

步骤二：调整边坡坡度进行对比（方案二）。

在初步方案的基础上，放缓边坡，形成对比方案。

（1）在方案一的基础上，考虑对比方案的编制。首先考虑边坡稳定性，将边坡坡度放缓，以1:3边坡坡度为例，建立3D模型。

此时，边坡坡度为1:3，坡角为18.43°，由此可见，如果按此方案布置，会使得边坡占用基坑底的面积增加，对于基坑底施工有一定影响。

（2）将边坡调整得更加缓和，以1:5边坡坡度为例，坡角为11.31°，建立3D模型。

此时道路几乎占用了整个基坑底部厂房的面积，会造成基坑底无工作面可用，不采用此方案。

步骤三：再次调整边坡坡度进行对比（方案三）。

方案二在已经考虑边坡稳定性的基础上进行了边坡放缓，现考虑减少边坡占地，尝试边坡变陡的方案。

（1）在初步方案的基础上，修改边坡坡度为1:1.5，建立相应的3D模型。

此时坡角为33.69°，边坡占地明显减少，未占用厂房底部工作面。

（2）继续进行加陡边坡的尝试。修改边坡坡度为1:1。

此时坡角变为45°，可以看到边坡占地持续减少，但是第一段道路的坡体也开始减小，不利于边坡稳定性。

（3）将边坡坡度修改为1:0.5，建立3D模型，查看效果。

此时虽然上游道路边坡占地更少，但是第一段道路的坡体已经很小，边坡稳定性极差，不可取。

根据以上方案的对比，在平面不变的情况下，填方边坡坡度取1:1.5为最优。但在此情况下，第一段道路存在挖方，暂不采取此方案。接下来，调整平面及纵断面布置，最大限度地减少挖方量。

步骤四：调整平面及纵断面布置，进行对比（方案四）。

改移第一段道路的平面布置，保持起点不变，路线顺时针旋转，其他路线顺接，同时考虑终点应接入基坑底，故增加一段曲线。

在纵断面上依旧采取转弯处无纵坡、其余路段均匀下降的方式。

可以看到：第一段道路的挖方量明显减少，但是仍然存在。此时，第二段道路边坡已经很接近基坑底边缘，不宜再往内侧移动，暂不采取此方案。

步骤五：调整道路宽度，再进行对比（方案五）。

针对以上存在的问题，经过技术部、工程部共同探讨，且考虑现场的实际情况，按同样的平面、纵断面设计，调整路宽为7m，建立3D模型。

第一段道路的挖方已经被完全消除。在终点附近的一小段挖方量，由于道路内嵌比较小，在现场施工中可被灵活处理。暂不采取此方案。

步骤六：各方案总结。

根据最初的平面布置图，通过以上不同方案，对比了不同状态下路基边坡的占地及稳定性，根据模型比较了1:5、1:3的边坡坡度，由于道路放坡后占用了大量的基坑底面积，不利于基坑底施工，第一段道路边坡过陡、体积过小，边坡稳定性极差，不可取。

在 1∶1.5、1∶2 这两个边坡坡度中，1∶2 的边坡坡度占地面积较大，1∶1.5 的边坡坡度则比较合适。故选用 1∶1.5 的边坡坡度。

经多部门协商，调整了道路的宽度，建立了三维模型，达到了设计目的，最终完成了下基坑道路的布置。

6. 经验总结

（1）将项目地形点导入到 Civil 3D 中，根据方案，将基坑模型视为道路设计。

（2）根据坡度可调整的特性，根据不同的坡度生成不同的基坑模型，利用土方计算命令得出不同坡度下的土方挖填数量，得出最优坡度。

十四、BIM 在项目驻地建设方案比较中的应用

1. 项目概况

武汉市四环线武湖至吴家山段第一合同段为 BT 项目，全长 6.91km，设计为双向八车道、时速 100km，包括特大桥、分离立交桥、互通匝道桥、路基等单位工程，是武汉市四环线的重要组成部分（图1）。

图 1 项目效果图

2. 应用目标

对备选方案进行 BIM 建模。通过实时漫游、全景图等手段，形象地展示各方案具体情况，有针对性地优化场地布置，对场地进行全方位的比选，选择出最佳方案，实现资源、进度、安全、质量等的最优解。

3. 参与部门

见表1。

参与部门 表 1

序号	部门名称	协作内容
1	各个项目部	根据漫游及全景图提出意见
2	工程部	驻地施工

4. 应用软件

见表2。

软件清单 表 2

序号	软件名称	版本号	软件用途
1	Revit	2018	土建建模
2	Twinmotion	2018	漫游及全景
3	720°云	2018	全景展示方案
4	AutoCAD	2018	施工图深化

5. 实施流程

实施流程图如图2所示。

```
Revit 土建建模
    ↓
漫游动画及全景图制作
    ↓
方案比选并修改完善
    ↓
最终方案出图交付施工
```

图 2 流程图

步骤一：使用 Revit 对项目驻地办公楼、宿舍等进行建模（图3、图4），建模尺寸、定位要准确，同时，按照项目建模标准进行族文件命名，方便后续的模型利用。

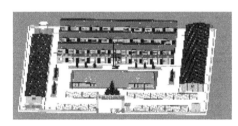

图 3 方案一模型

图 4 方案二模型

步骤二：将建好的 Revit 模型导入 Twinmotion 中，进行漫游动画和全景图制作。Twinmotion 是一款专业 3D 实时渲染软件，在本案例中主要用来生成漫游动画和全景图。在漫游动画制作时，根据事先确定好的漫游路线添加关键节点，最后导出全景图即可（图5）。全景图的制作，需要 Twinmotion 和 720°云配合，用 Twinmotion 选取视点

位置，生成多个全景图图片（图6），再将图片导入720°云软件中，生成线上全景图展示方案（图7）。

图5　漫游动画制作

图6　某视点全景图

图7　全景图展示方案

步骤三：根据漫游动画和全景图，分析两种方案的优劣，确定好方案（图8、图9），同时优化方案中不合理的地方，确定最终驻地建设方案。直观来看，方案一布局更为紧凑，对土地利用更加合理，建筑间距也满足规范要求，而方案二的占地面积相对更大，用地成本较高，但是布局

更加科学，动静分离，对员工比较友好。通过漫游动画可以发现：方案一的宿舍楼与办公楼之间的距离虽然符合规范要求，但是给人的观感比较压抑，而方案二的宿舍楼前比较开阔，相对来说更适合长期居住。若加宽方案一的楼宇间距，则结构紧凑、节省占地的优势不再明显。综合其他因素，最终选定方案二作为驻地建设方案。

图8　方案比较示例（一）

图9　方案比较示例（二）

步骤四：将上述确定的建设方案导出为图纸并细化，供施工队使用。

6. 经验总结

建模时，板房等标准化构件可在一些族库插件中查找，仅需根据实际情况修改相关参数即可，不用重新建模。

在全景图制作时，可在720°云软件中添加相关导航和备注，以丰富表现效果。

如有VR设备，接入Twinmotion体验效果更好。

十五、BIM 技术在铝模板深化设计中的应用

1. 项目概况

太原万科公园里项目位于太原市尖草坪区，东临和平北路，西临太白路，北临摄乐南街，总建筑面积为 252773.11m²。由 1~8 号住宅楼、S1~S5 号商业楼、地下车库、幼儿园组成（图 1）。住宅楼采用铝模板施工，施工策划阶段利用 BIM 技术进行结构深化设计。

图 1 项目效果图

2. 应用目标

区别于传统的木模板施工体系，万科公园里项目利用 BIM 技术辅助铝模板深化设计，对细部节点进行结构深化，全混凝土外墙一次成型，将二次结构（过梁、反坎、构造柱、下挂板等）随主体浇筑，减少施工工序，缩短项目工期。

3. 参与部门

见表 1。

参与部门　　　　表 1

序号	部门名称	协作内容
1	工程部	图纸会审
2	商务部	成本核算
3	设计院	技术核定
4	铝模板厂家	预制加工

4. 应用软件

见表 2。

软件清单　　　　表 2

序号	软件名称	版本号	软件用途
1	Revit	2016	结构建模
2	Twinmotion	2018	模型渲染
3	AutoCAD	2014	设计出图
4	Solidworks	2016	预制加工
5	Hypermesh 与 Abaqus	—	有限元分析

5. 实施流程

实施流程如图 2 所示。

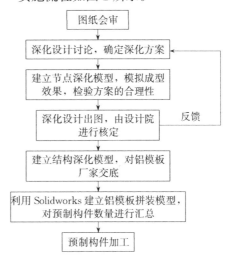

图 2 流程图

步骤一：图纸会审。熟悉施工图纸，对建筑、结构、水电安装图纸进行会审，梳理图纸中存在的问题，向设计院反馈，避免因图纸问题导致结构施工及水电位置预留的错误（图 3）。

设计院对图纸中存在的问题进行解答，确保施工图纸无误。

步骤二：深化设计讨论，确定深化方案。参考各专业施工图纸，对反坎、过梁、构造柱、设备井、填充墙、挂板、飘窗等进行深化，明确细部节点做法（图 4 和图 5）。

图纸会审、设计交底记录

×年×月×日　　　编号：

| 工程名称 | ××× | 日期 | ×年×月×日 | 共　页 |
| 会审地点 | ××× | 专业名称 | 结构 | 第　页 |

序号	图纸编号	提出问题	会审结果

图 3　图纸会审记录

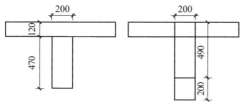

图 4　过梁深化（mm）

门槛高为结构面上返310mm

图 5　设备井深化

步骤三：建立节点深化模型，模拟成型效果，检验方案的合理性。依据步骤二确定的深化方案，利用 Revit 软件建立结构深化模型，导入 Twinmotion 进行渲染，调节模型材质，模拟深化节点成型效果（图 6、图 7）。

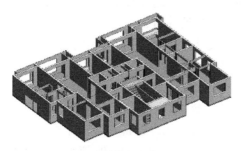

图 6　结构深化模型

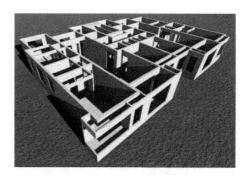

图 7　深化模型渲染

将模型与施工图纸进行对比，直观地反映深化意图，检验深化方案的合理性，同时方便对外交底。

步骤四：深化设计出图，由设计院进行核定。根据深化方案，对 1～8 号住宅楼标准层施工图纸进行深化设计，由设计院核定方案可行性，依据反馈信息调整深化图纸。

步骤五：深化图纸确认后，依据图纸建立各楼标准层模型，利用结构模型和深化图纸对铝模板厂家交底（图 8～图 10）。

图 8　深化效果图

图 9　构造柱、挂板深化

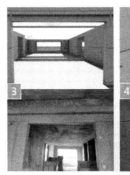

图 10　过梁、反坎深化

飘窗采取填充木盒的方式，局部后砌墙变更为隔墙板，全混凝土外墙浇筑一次成型（图 11）。

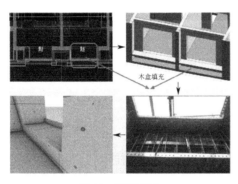

图 11　飘窗深化

步骤六：铝模板厂家利用 Solidworks 建立铝模板拼装模型，对模板选型进行优化，模拟预拼装效果，汇总预制构件的数量（图 12～图 15）。

图 12　铝模板拼装模型

采用实体建模＋有限元分析的方法，对三维模型进行简化，结合网格划分软件 Hypermesh 与有限元计算软件 Abaqus 进行强度校核与挠度计算。

以顶板有限元分析为例，应力计算主要分为 3 个步骤。

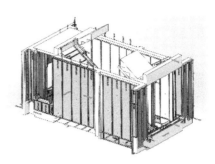

图 13　楼梯间模板拼装

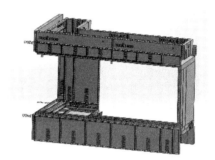

图 14　飘窗模板拼装

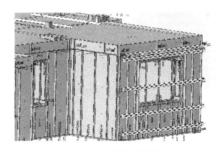

图 15　墙模板拼装

前处理：在 Hypermesh 中去除冲孔定位槽，去除小圆角、小倒角后，抽取模型中段，划分网格（图 16）。

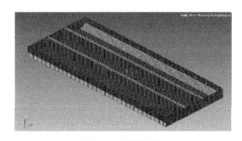

图 16　划分网格

荷载与边界条件：在 Abaqus 中导入网格，指定材料特性与截面厚度，约束顶模板一端下沿与另一端两个连接孔，对模板工作面施加 10kN/m² 均布荷载（图 17、图 18）。

图 17 施加荷载和边界条件

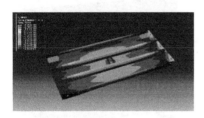

图 18 应力、挠度计算

计算结果显示（表 3）：顶模板最大应力出现在连接孔处，跨中最大应力与计算

书结果比较相近，为 25MPa 左右，跨中大变形量计算值和有限元分析值比较相近（1.2mm 左右），结果均满足设计要求。

应力挠度计算结果　表 3

序号	顶模板	跨中最大应力值（MPa）	跨中最大挠度值（mm）
1	允许值	21.5	3
2	计算值	24.94	1.16
3	有限元分析	25.8	1.2

依据图纸和规范要求，调节模板参数、分析铝模板受力情况，对独立钢支撑、背楞等进行深化设计，导出预制构件清单。

步骤七：预制构件加工。依据清单，铝模板构件在厂家加工、配置，预拼装验收通过后拆解、打包，运输至施工现场进行拼装。

6. 经验总结

（1）施工策划阶段，通过结构深化设计，将二次结构随主体一次成型，减少施工工序，缩短项目工期。

（2）利用 BIM 技术协助结构深化设计，进行可视技术交底，可以直观地了解细部节点做法，指导施工策划实施。

十六、燃气锅炉 BIM 运输方案比选

1. 项目概况

天津平安泰达国际金融中心地处天津市河西区小白楼商务区，东临南昌路，南至合肥道，西邻九江路，北侧为马场道，由写字楼及酒店式公寓两幢超高层及裙楼商业组成综合体，涉及建筑、结构、机电和幕墙多专业 BIM 建模（图 1）。

图 1 项目周边环境

2. 应用目标

本方案根据项目周边地理环境建立 BIM 模型，运用 BIM 模拟大型设备的现场落地、设备吊装及运输、设备就位等关键工序，检验设备运输方案的可行性，为设备场内运输做好前期准备工作，减少了设备场内运输风险，降低了运输成本。

3. 参与部门

见表 1。

参与部门　　　　表 1

序号	部门名称	协作内容
1	安全部	现场安全疏导
2	工程部	运输场地协调
3	材料部	设备协调
4	BIM 组	方案比选
5	合约部	组价分析

4. 应用软件

见表 2。

软件清单　　　　表 2

序号	软件名称	版本号	软件用途
1	Revit	2018	场景搭设
2	Navisworks	2018	运输模拟
3	AutoCAD	2014	路线规划

5. 实施流程

实施流程如图 2 所示。

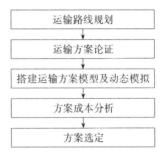

图 2 流程图

步骤一：运输路线规划。根据建筑图纸，利用 AutoCAD 在图纸上规划运输路线。在各层 CAD 图纸上逐一绘制从设备到场的卸车点至设备就位点所经过的路线。

步骤二：运输方案论证。根据初选方案，查看现场可用空间尺寸及临边洞口防护、二次墙体砌筑的情况，复核利用坡道运输卷扬机的固定位置及道路荷载的情况，论证方案的可行性（图 3、图 4）。

图 3 现场道路复核

根据汽车式起重机性能曲线及起重性能表，复核吊装方案的可行性。

图 4　现场临边防护情况复核

步骤三：搭建运输方案模型及动态模拟。运用 Revit 搭建运输方案 3D 模型，用 Navisworks 进行 3D 运输方案模拟，查找方案在实施过程中的疏漏。模型中需包含燃气锅炉机组的主要参数：重量、外形尺寸、吊装点等，并在 3D 模型中将运输关键点标注（图 5~图 7）。

图 5　设备起吊

图 6　设备落地

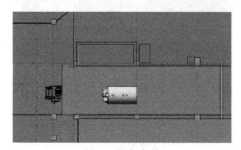

图 7　设备参数

通过 Navisworks 可以从多角度观察到设备在吊装及运输过程中的虚拟实景，通过数字高程模型可以直观地看到吊装过程，有利于提前预知方案的利弊，化解吊装风险，并且在绘制过程中能实时看到设备就位后的实际效果。

步骤四：方案成本分析（表 3）。根据工程部出具的设备、材料、人工清单等资料，使用广联达软件计算出方案成本。综合考虑费用、工期及方案的安全情况，比选出最优方案作为吊装运输方案。

方案成本分析　　　　　　表 3

方案名称	子项名称	成本(万元)	成本合计(万元)
坡道运输	人工费	0.97	1.75
	材料费	0.35	
	机械费	0.2	
	其他措施费	0.23	
吊装孔吊装	人工费	0.22	0.71
	材料费	0.02	
	机械费	0.36	
	其他措施费	0.11	

步骤五：方案选定。从运输成本、工期、施工安全及施工协调等方面对运输方案进行对比，使用吊装孔吊装具有施工工期短、运输成本低、施工协调量小、受现场制约因素小等优点，故选用此方案。

6. 经验总结

（1）大型设备选型及报审完成后，到达现场基本已是机电管线安装的后期，应优先选择运输路线短的运输方案。

（2）运输方案模型须将设备、吊具、型钢底座实际绘制，避免因模型问题导致后期安装不能顺利进行。

（3）建立设备模型必须以专项方案为依据。

（4）用 Revit、Navisworks 软件将设备运输方案的 3D 模型生成为施工图指导现场施工，模型中应包含设备重量及外形尺寸，可用于吊装机具的制作，已完成的模型可以上传至云端进行可视化交底。

十七、BIM 技术在方案比较中的应用

1. 项目概况

东莞市国贸中心项目位于广东省东莞市东莞大道与鸿福东路的交界处，是集办公、酒店、商业为一体的多功能综合发展项目。占地面积 $104871m^2$，长约 $382m$、宽约 $272m$，总建筑面积约为 106 万 m^2。整个项目包括 4 层地下室、地上 5 栋塔楼及裙房，BIM 工作涉及建筑结构、暖通、消防、给水排水、强弱电等各个专业。

2. 应用目标

利用 BIM 技术对设计方案进行比选，在两个或多个不同的设计方案中多方位对比，找出更加符合项目条件的方案，缩短了工期，降低了施工成本，提高了交付质量。

3. 参与部门

见表 1。

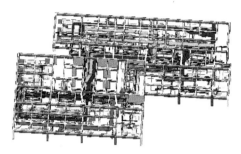

图 1　BIM 综合图纸模型

步骤二：通过图纸自审，将图中标高无法满足、检修空间不足、管道排布复杂的区域标识出来，邀请业主、设计等各方人员一起参与讨论，并提出新的设计方案。方案一：在总体保持原方案的框架基础上，对精装修标高进行调整，降低部分区域吊顶高度。方案二：调整楼层内设备位置，在原库房位置增设一个机房，将核心筒两侧区域分开供冷，减少走廊区域管道数量，提高机电管线高度（图 2）。

步骤三：按照方案二重新绘制机电管线综合图，标识出各个区域标高和其他变化，再次邀请业主、设计等各方人员一起参与讨论，确定最终实施方案。在讨论中，需充分考虑各个点位变化对成本、工期、质量等带来的影响（图 3）。

参与部门		表 1
序号	部门名称	协作内容
1	商务部	成本测算
2	工程部	现场复核、安装

4. 应用软件

见表 2。

软件清单			表 2
序号	软件名称	版本号	软件用途
1	Revit	2016	模型创建
2	Navisworks	2016	碰撞检查
3	AutoCAD	2016	辅助建模

图 2　方案二 BIM

5. 实施流程

步骤一：根据设计院提供的 CAD 图纸，构建全专业的模型。基于原始设计的各专业模型，进行图纸综合，解决管线碰撞的问题。结合精装修图纸，调整末端的位置，预留检修空间（图 1）。

步骤四：经过讨论，业主最终确定采用方案二，由设计院修改图纸，重新核算设备参数，并出具设计变更，再由业主下发到各施工单位。

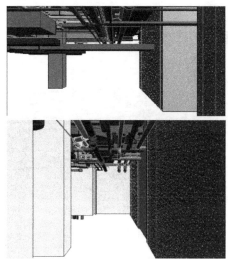

图 3 方案一、方案二走廊观感对比

6. 经验总结

（1）BIM 工作应当尽早在施工中介入，最好在前期设计阶段就开始介入。在本案例中，由于设计方案变更时，在施工现场的幕墙已经订货，变更后部分幕墙玻璃被改为百叶，造成了材料浪费。

（2）在综合图排布遇到困难时，应与设计方和建设方多沟通，在明确设计意图和侧重点的情况下，大胆地做出调整和建议。

（3）在 BIM 综合图绘制时，要充分地考虑施工空间和检修空间的高度。

第四节 方案交底

十八、高大框架柱施工方案可视化交底 BIM 的应用

1. 项目概况

京东亚洲一号沈阳于洪物流园项目，由四栋双层仓库及附属用房组成，双层仓库及卸货平台混凝土框架柱尺寸为 800mm×800mm、1000mm×1000mm，最高高度近 12m（图 1）。

图 1 项目效果图

2. 应用目标

项目采用了新型支模加固体系，而传统的技术交底却不够直观、生动。通过可视化交底，参建人员可迅速掌握高大框架柱的加固技术要点。

3. 参与部门

见表 1。

参与部门 表 1

序号	部门名称	协作内容
1	安全部	安全检查
2	工程部	土方施工测量放样

4. 应用软件

见表 2。

软件清单 表 2

序号	软件名称	版本号	软件用途
1	Revit	2016	模型建立
2	Fuzor	2018	方案展示

5. 实施流程

实施流程如图 2 所示。

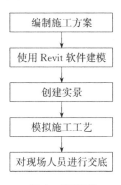

图 2 流程图

步骤一：针对本工程高大框架柱的特点，采用新型加固体系——方圆锁具加固技术。编制详细的施工方案，采用方圆锁具加固技术，由两名工人就能对方柱建筑模板进行紧固。

步骤二：在方案制定完成后，使用 Revit 软件准确建模。

步骤三：基于步骤二生成的三维模型，通过建立实景，更直观地展现该工程的竣工效果。

步骤四：利用 Fuzor 软件模拟施工工艺及施工流程，对动画进行后期处理，针对性地还原作业面的仿真现场，可以将施工工艺生动、形象地展现出来，加大被交底人员对施工现场场景的感知，

进一步加深参建人员的印象。用通俗易懂的方式，对现场技术人员进行交底，避免了文字交底的枯燥乏味，能让参建人员迅速掌握高大框架柱的加固技术要点（图3～图6）。

图5　框架柱与盘口架拉结

图3　方柱建筑模板加固

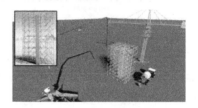

图6　混凝土浇筑

6. 效益分析

提高建筑从业人员的整体素质，避免技术质量等事故的发生。同时，奠定了企业文明施工、安全生产的良好基础。

7. 经验总结

（1）在施工方案确立后，应避免多次更改施工方案。

（2）在模拟施工方案中，应与现场人员多做交流，避免出现新的问题。

图4　方圆可调式锁具

十九、基于 BIM 的三维可视化应用

1. 项目概况

项目位于广西柳州市柳东新区，项目总用地面积约为 6 万 m²，建筑面积约为 13 万 m²，整体造型呈蝴蝶形（图 1），整个项目各个专业皆用 BIM 指导施工。因项目造型复杂，面板与龙骨皆为异形，传统交底方式难以实施。

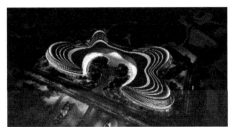

图 1　项目效果图

2. 应用目标

根据图纸与现场实际情况，建立了完整的三维模型，对关键部位及复杂工艺工序等进行反复模拟，找出最优方案。利用 BIM 施工模型与施工人员进行信息交互，使得交底工作的指导性更强，提高了工作效率。

3. 参与部门

见表 1。

参与部门　　　　　表 1

序号	部门名称	协作内容
1	测量部	测量放样
2	设计部	根据图纸与现场实际情况建立三维模型

4. 应用软件

见表 2。

软件清单　　　　　表 2

序号	软件名称	软件用途
1	Rhino6	建立模型
2	Grashopper	制作动画

5. 实施流程

步骤一：建立模型。根据施工设计建立施工 BIM 三维模型，并在模型中标注相关技术参数（图 2、图 3）。

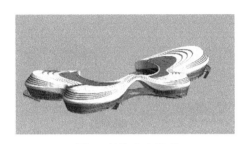

图 2　整体表皮模型

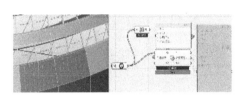

图 3　模型信息存储

步骤二：设计方案比选。通过 BIM 三维模型，直观地对复杂工序进行分析，将复杂部位简单化、透明化，并通过反复模拟，直观展现各个设计方案的优劣，从中选取最优方案（图 4、图 5）。

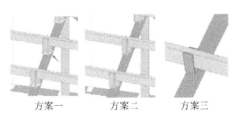

方案一　　　方案二　　　方案三

图 4　屋面牛腿与屋顶钢横梁方案比较

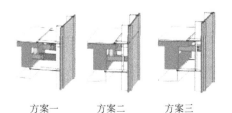

方案一　　　方案二　　　方案三

图 5　层间防火玻璃牛腿比较

步骤三：施工方案模拟。通过 BIM 技术指导编制专项施工方案，模拟现场施工场地布置，对现场可能存在的危险源、安全隐患、消防隐患等提前排查，提前模拟方案编制后的现场施工状态，并对方案的施工工序进行合理排布（图6、图7）。

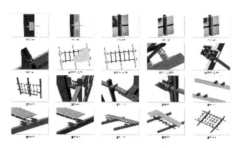

图 8　复杂部位三维展示

图 6　现场工程车辆布置

图 7　预制件样板安装

步骤四：三维交底。对复杂部位提供三维模型、图片或者动画，对施工人员进行交底，直观展现安装工序与工艺，解决了传统交底沟通难、效率低的问题，减少返工，节约时间和资源（图8、图9）。

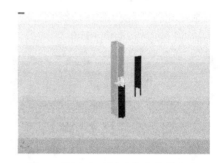

图 9　使用动画展示节点安装工序

6. 经验总结

基于 BIM 的可视化交底，有效地提高了工作效率，施工班组也能快速理解设计方案和施工方案，保证了施工目标的顺利实现。可视化交底使得交底的内容更加直观，施工工艺的执行更加彻底。

二十、3D 打印应用

1. 项目概况

长沙滨江金融大厦项目分为东、西两个区。西区包括 T3 塔楼、T4 塔楼及其 4 层地下室与 6 层附属裙楼,建筑面积 28 万 m^2。东区包括 T1 塔楼、T2 塔楼及其 4 层地下室与 6 层附属裙楼,建筑面积 35 万 m^2。其中,T1 塔楼建成高度 328m,为长沙河西第一高楼(图 1)。

图 1 项目效果图

2. 应用目标

使用 3D 打印技术,辅助进行现场复杂技术方案交底,以及发明专利的申报。

3. 参与部门

见表 1。

参与部门 表 1

序号	部门名称	协作内容
1	技术部	方案交底

4. 应用软件

见表 2。

软件清单 表 2

序号	软件名称	版本号	软件用途
1	Revit	2018	模型创建
2	3Dmax	2016	文件转换
3	Cura	15.02	3D 打印

5. 实施流程

(1)使用 Revit 创建三维模型(图 2),并导出 fbx 文件。

图 2 Revit 创建三维模型

(2)使用 3Dmax 软件打开 fbx 文件,将其转换成 stl 格式的文件(图 3)。

fbx ➡ stl

图 3 转换成 stl 格式的文件

将 BIM 按专业划分,并将相关专业的 BIM 工作内容,通过交底告诉各专业分包方。

(3)使用 Cura 软件打开闪退的文件,并设置相应的打印参数。最后,导出 gcode 格式文件,连入 3D 打印机进行打印。

(4)使用 3D 打印的实体模型进行现场新型柱加固、砌体砌筑的技术交底,更加直观形象,施工人员接受度更高(图 4、图 5)。

图 4 3D 打印实物(一)

图 5 3D 打印实物（二）

注：项目采用的 3D 打印机型号为极光尔沃
A8 型 3D 打印机，模型最大成型尺寸为 350mm×
250mm×300mm，使用的打印材料为热熔型塑
料，分层厚度为 0.05～0.3mm。

打印过程中的注意事项：

1）打印机的成型尺寸为 350mm×
250mm×300mm，设计模型时要注意保持
在这个尺寸范围之内。

2）打印模型时，需预计使用多少材
料，打印前保证材料充足。

3）版本较老的打印机没有断电记忆功
能，模型断电后需重新打印，要注意提供
稳定电源。

6. 经验总结

购置 3D 打印机成本高，后期闲置是
一种浪费，应将 3D 打印机的周转、共享
作为一个新的独立课题立项研究。

第五节　深化设计

二十一、基于 Grasshopper 平台无代码式编程的应用

1. 项目概况

项目位于浦东新区，东至 A0201 地块边缘，南至海洋一路，西至规划 HY-1 路，北至海港大道生态防护绿地边界线，总建筑面积 146731m² 。建筑项目共包括 1 个裙楼和 3 个塔楼，其中裙房 3 层，4 层以上为塔楼。建筑外形呈"晶体"造型，3 个塔楼共计 48 个倾斜面，极具现代气息。项目建成后，将成为临港科技城的标志性建筑和研发办公核心载体（图 1）。

图 1　项目效果图

2. 应用目标

运用 Grasshopper 将所有的建筑信息具象为数据，通过无代码式编程，创建一套以底层数据为基础，设计规则为框架的程序系统。将所有参数串联，形成一个高效的、可控的、可视化的以参数为驱动的数据逻辑，批量处理建模工作。并使所有设计过程被完整地保留下来，为过程中的外部数据导入、方案变更，以及工作协调提供合理接口。

3. 参与部门

见表 1。

参与部门		表 1
序号	部门名称	协作内容
1	科技设计部	程序设计

4. 应用软件

见表 2。

软件清单			表 2
序号	软件名称	版本号	软件用途
1	Rhinoceros	6SR16	3D 造型
2	Grasshopper	1.0.07	程序设计
3	SEG	V0.0.327	物料属性
4	Elefront	4.1	图形管理

5. 实施流程

实施流程如图 2 所示。

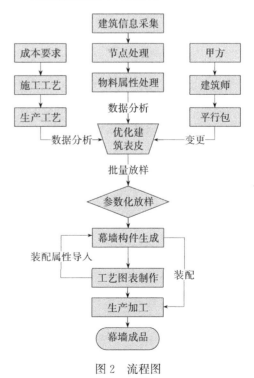

图 2　流程图

51

步骤一：对招标文件和施工图进行解读。将建筑师提供的建筑表皮，导入 Grasshopper 平台中。对建筑的内外倾角、水平夹角、线条交会以及板面翘曲进行分析，获取表皮的基本建筑参数，如倾角分析（图 3）、夹角分析（图 4）、面板点集（图 5）等。

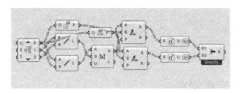

图 3　倾角分析

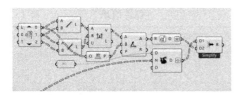

图 4　夹角分析

图 5　面板点集

在建筑信息收集（图 6）的过程中，结合施工工艺、生产工艺等信息，不断地对建筑表皮进行科学优化，动态获取各类有效参数，使其满足后续设计要求。

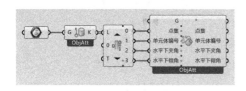

图 6　建筑信息收集

步骤二：处理施工节点和型材模型图。将施工节点进行简化，去掉辅材图元，简化型材模型图的截面，按照模号以图层的方式进行管理（图 7）。将幕墙的定位信息、孔位信息、物料属性（图 8）等以用户字典（图 9）的形式存储到相应的型材截面中。

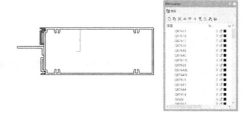

图 7　图层管理

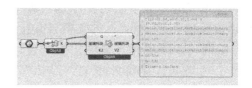

图 8　物料属性

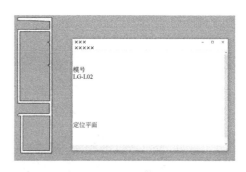

图 9　用户字典

步骤三：幕墙面板属性的处理。在获取基本的建筑信息后，需要结合设计图纸，提取各个幕墙构件的空间定位（图 10），即空间坐标。对于前期能够确定的工艺特征，如避位、孔位以及一些辅助手段也与定位坐标一同存储到相应的面板中（图 11、图 12）。

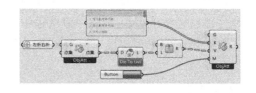

图 10　空间定位

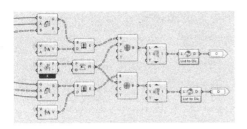

图 11 特征存储

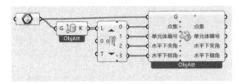

图 12 幕墙面板属性存储

这些数据的获取是一个动态过程，并且是不断更新的，过程中有很多外部数据被导入，更多的数据是来自建模过程中的适配产生。

步骤四：幕墙构件放样。在前三步的数据基础上，已经具备了程序框架的生成条件。本工程倾斜面方案是通过立柱构件适配的，立柱构件相对于横梁等，工艺特征复杂，所以，在程序编写时，先生成不带特征的立柱型材，再生成横梁等型材，等所有与立柱有关的构件生成，再将适配产生的特征，返回到立柱的程序中去，生成最终的立柱，最后生成完整的单元体（图 13～图 15）。

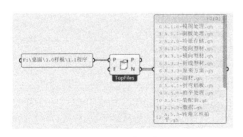

图 13 程序框架

Grasshopper 独特的数据结构，可以让使用者批量处理建模工作（图 16）。

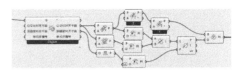

图 14 立柱程序，无代码式编程

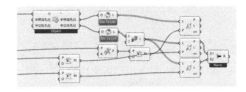

图 15 横梁程序

Rhino 高精度的表达能力（图 17），能够让模型达到 LOD500 的等级，满足幕墙构件的高精度加工要求。

图 16 批量处理建模工作

图 17 高精度表达

步骤五：批量导出工艺图。利用 Grasshopper 的数据结构功能，使用者可以在构件生成的同时，对构件进行统一的物料编码管理（图 18）。通过物料的信息，可以批量导出物料的加工数据（图 19）、加工明细（图 20），一键生成加工图和装配明细以及工序明细（图 21）。

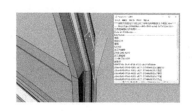

图 18　构件物料编码管理

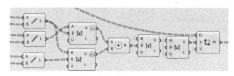

图 19　批量导出加工数据

编号	W/mm	W1/mm	W2/mm
FWB-0006	252.8	955.7	1911.3
FWB-0012	263	956	1911.8
FWB-0018	280	956.5	1912.8
FWB-0024	303.8	957.2	1914.3
FWB-0030	334.6	958.3	1916.4

图 20　批量导出加工明细

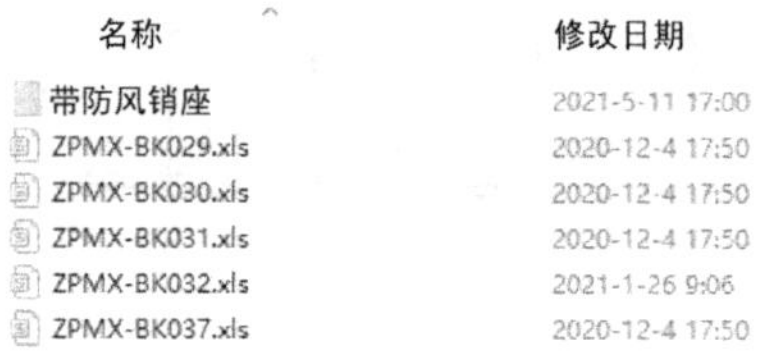

名称	修改日期
带防风销座	2021-5-11 17:00
ZPMX-BK029.xls	2020-12-4 17:50
ZPMX-BK030.xls	2020-12-4 17:50
ZPMX-BK031.xls	2020-12-4 17:50
ZPMX-BK032.xls	2021-1-26 9:06
ZPMX-BK037.xls	2020-12-4 17:50

图 21　批量导出装配明细

6. 效益分析

本工程塔楼共有 4600 块单元体，有 48 个倾斜面，包含 $69°\sim99°$ 的多角度组合。使用 Grasshopper 批量建模，整个程序可被重复使用，在工艺装配时，仅需一名设计师，优化了人员的配置。

7. 经验总结

（1）前期对幕墙面板进行合理的区域划分，有助于后期程序的编写以及优化，提高了程序的普适性。

（2）对重复使用的程序，可设计成标准化模块，提高编程速度。

（3）对相似的单元体板块，可整理出一套完整的图纸，将加工数据编制为变量，利用 Grasshopper 批量导出参数，减少重复的工作。

（4）对构件物料编码，应制定统一的编码规则，应包含模号、对应位置、流水号等信息，方便后续的加工和装配。

二十二、曲线型桥梁钢栈桥受力分析

1. 项目概况

厦门滨海东大道二标段为公路项目，涉及 BIM 专业为路桥专业。工程所属区域位于厦门市翔安区南部，拟建场地地貌属于滨海滩涂地貌，地形较平缓，由北向南缓慢倾斜，工程线路整体为由西向东走向（图1）。

图1　项目效果图

2. 应用目标

根据迈达斯 Civil 有限元分析模型，分析了钢栈桥在不同工况下的应力状态，钢栈桥为曲线形桥梁，考虑在施工钢栈桥时的桥梁曲度，验算了钢栈桥各杆件的承载力、刚度和稳定性，保证了钢栈桥施工的安全性。

3. 参与部门

见表1。

参与部门　表1

序号	部门名称	协作内容
1	安全部	施工安全监测
2	工程部	钢栈桥施工

4. 应用软件

见表2。

软件清单　表2

序号	软件名称	版本号	软件用途
1	Auto CAD	2019	图纸绘制
2	迈达斯 Civil	2019	钢栈桥分析

5. 实施流程

实施流程如图2所示。

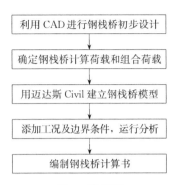

图2　流程图

步骤一：利用 CAD 进行钢栈桥初步设计。钢栈桥的主便桥设置在桥梁左侧，主便桥宽7m、长335m，钻孔平台尺寸根据承台尺寸设定。钢栈桥结构初步设定如图3所示。

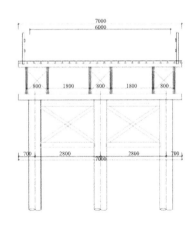

图3　钢栈桥结构初步设定（mm）

步骤二：确定钢栈桥计算荷载和组合荷载。计算的荷载要包括钢栈桥自重荷载，移动荷载（履带式起重机、混凝土泵车），风荷载，其他荷载（行人荷载、管道荷载）等，组合荷载分为钢栈桥施工状态荷载、通行状态荷载和非工作状态荷载，各种结构按荷载在跨中、墩顶、墩旁、端头等不同位置加载，选取最不利位置计算（图4）。

设计状态	工况	荷载组合	
		恒荷载	基本可变荷载
栈桥施工状态	Ⅰ	结构自重	80t 履带式起重机机侧吊 20t
通行状态	Ⅱ	结构自重	混凝土运输车（3台）
非工作状态	Ⅲ	结构自重	风荷载

图 4　三种荷载组合状态

步骤三：用迈达斯 Civil 建立钢栈桥模型。首先，建立钢栈桥 CAD 离散模型，将 CAD 图纸导入迈达斯 Civil 软件（图 5），注意两者间单位的统一、结构原点的设定。按 CAD 构造绘制顺序，确定单元坐标系和实际坐标系是否一致，保证连接和强弱轴确定。

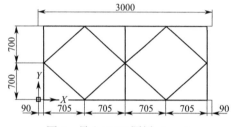

图 5　导入 CAD 图层（mm）

通过定义材料特性和截面特性，绘制杆件。分别建立贝雷片、钢管桩、横梁、分配梁、框架桥面板等构件模型（图 6）。贝雷片参数：材料为 16Mn，弦杆为 10a 双槽钢，腹杆为 I8 工字钢。分配梁采用 I20a 工字钢，布置间距为 75cm。钢栈桥桥面板为 I12.6 工字钢焊接的框架结构，桥纵向间距为 0.3m。基础采用 $\Phi630 \times 8mm$ 钢管桩，单排 3 根钢管桩顶部设置 2 根 I45a 工字钢横梁，2 根 I45a 横梁间采用间断焊接连接。

图 6　各杆件模型建立

步骤四：添加工况及边界条件、运行分析（图 7）。对模型进行边界条件的添加，首先考虑构件受力作用，基础钢管桩为固结，桩顶横梁与钢管桩为弹性连接，桩顶横梁与贝雷片为刚性连接，贝雷片与分配横梁采用弹性连接，桥面板单元与分配梁之间固结。项目中主要验算三种工况：一是钢栈桥施工状态，荷载组合包括恒荷载（结构自重）及基本可变荷载（80t 履带式起重机）。二是通行状态，包括恒荷载（结构自重）及基本可变荷载（混凝土运输车）。三是非工作状态，包括恒荷载（结构自重）及基本可变风荷载。

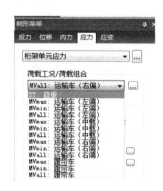

图 7　添加工况

完成上述步骤后，可对模型进行分析。可得出软件对钢栈桥各个构件的强度、位移、稳定性的工程数据，为实际施工提供数据参考，保证了施工安全。

有限元分析结果：在施工工况一的荷载作用下，钢管桩最大竖向反力为 913kN，据此可知：履带式起重机工作时，钢管桩的竖向承载力特征值不应小于 913kN（图 8）。

图 8　施工工况一钢管桩竖向反力作用

在施工工况二的荷载作用下，钢管桩最大竖向反力为 901kN，据此可知：混凝土运输车工作时，钢管桩的竖向承载力特征值不应小于 901kN（图 9）。

图 9 施工工况二钢管桩竖向反力作用

贝雷梁强度验算结果见图 10。

图 10 贝雷梁弦杆最大应力（MPa）

步骤五：经验算分析后得出结论：该钢栈桥初步设计符合结构安全性能要求，根据设计要求、施工工况、迈达斯 Civil 有限元分析模型进行钢栈桥计算书编制（图 11），并对项目全体管理人员交底。

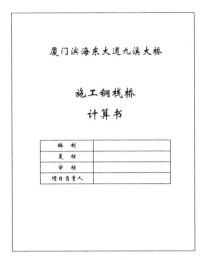

图 11 钢栈桥计算书

6. 经验总结

（1）在模型运行过程中，受单元数的影响，单元数越多，运行分析时对计算机要求越高，一般桥梁只取等跨部分进行分析验算。

（2）施加边界条件时要考虑到各个构件的受力作用。

二十三、铝板幕墙 BIM 下单及注意事项

1. 项目概况

上海浦东国际机场卫星厅三期扩建项目的幕墙工程（图1），涉及玻璃幕墙、铝板幕墙等幕墙的安装。

图 1　项目效果图

2. 应用目标

应用 BIM 高效、精准地下单，间接减少了材料的浪费，并有效地提高施工质量及效率。

3. 参与部门

见表1。

参与部门　　　　　表 1

序号	部门名称	协作内容
1	测量部	获取现场实际三维坐标，指导现场施工
2	设计部	根据三维坐标生成三维模型，提取需要的数据生成加工图
3	厂商	生产与加工

4. 应用软件

见表2。

软件清单　　　　　表 2

序号	软件名称	版本号	软件用途
1	全站仪	—	获取数据
2	Rhino	6.0	生成模型
3	Grasshopper	—	数据处理

5. 实施流程

实施流程如图 2 所示。

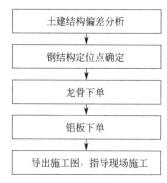

图 2　流程图

步骤一：土建结构偏差分析。

统一坐标系，设计院、总承包方等在建模过程中应统一坐标原点。但是，在施工过程中应按照现场测量的坐标系，转换坐标系，并提取数据。

数据分析，在 GH 中导入现场测量数据→求出与理论模型的标高偏差和进出位偏差→标注在模型中方便查看→导出分析数据表格（图3、图4）。

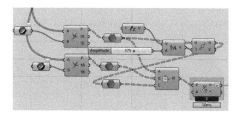

图 3　程序缩略图

图 4　土建偏差分析模型图

GH思路与核心点，把测量点投影到理论边线，通过点的 Z 坐标值确定理论与实际高度的偏差值，然后，把测量点垂直投影到理论边线点所在的平面，通过两点之间的连线，确定进出位方向的偏差（图5），并选出不满足最大偏差要求的点，进行标注。

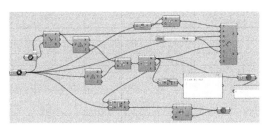

图5　土建偏差分析连线图

与总承包方沟通：分析得出数据，数据应在可允许误差范围，与总承包方沟通，配合修正数据。

步骤二：钢结构定位点确定。

钢龙骨建模：运用 Rhino＋GH，根据总承包方提供的幕墙表皮模型，进行分割后，采用逆推法建模得到钢龙骨模型（图6）。

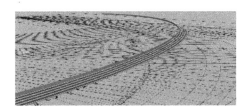

图6　钢龙骨模型

定位点的选择：根据方案图和现场实际情况，先确定竖向方钢顶部点的空间坐标，以及到圆心的距离，定位竖向龙骨的安装。选择方钢底部的中心点，并确定定位点到内侧玻璃幕墙横梁扣盖的相对位置（图7）。

需要提交的资料：利用 GH 提取定位点的坐标系和相对位置关系，并标注在模型上方便查看。导出 Execl、CAD、三维模型，及时与现场测量的施工人员耐心沟

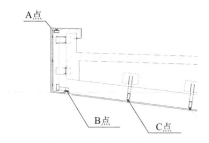

图7　钢龙骨定位关系

通（图8～图10）。

编号	X	Y	Z
ND-E01	11280.1	8939.001	18.209
ND-E02	11280.1	8942.601	18.112
ND-E03	11280.1	8946.201	18.023

图8　点空间位置关系与相对位置关系

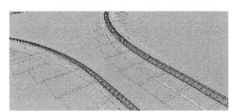

图9　三维模型标注

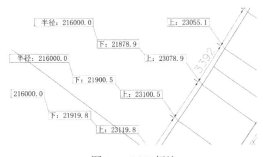

图10　CAD标注

步骤三：龙骨下单。

提取龙骨的长度：运用 Rhino＋GH，提取铝板龙骨的长度，提取吊篮搭接龙骨的长度，提取连接件的长度。

需要提供的资料：钢龙骨下料长度为固定尺寸，需要在现场切割。应将下料单给加工厂，并提供龙骨布置图、套裁表给现场施工人员，进行技术交底。

安装后的复测、纠偏：龙骨安装后，

应及时进行复测，把复测数据导入 Rhino 中，与理论数据进行分析，及时调整龙骨或铝板。

步骤四：铝板下单，绘制标准样式的 CAD 加工图（图 11）。

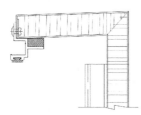

图 11　标准加工图

GH 建模思路：运用 Rhino＋GH，原始表皮分割→面板优化→批次分配→编号→折边建模→生成加工图→提取铝板的各类信息→导出 CAD、数据表格（图 12 和图 13）。

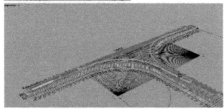

图 12　"Rhino＋" GH 建模

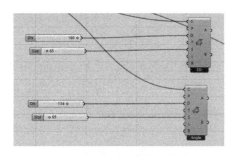

图 13　自动生成加工图

6. 经验总结

（1）铝板：应注意铝板的色号、板厚，以及铝板面积的计算方式。应按照铝板厂面积计算规则计算铝板面积，并提交至商务部门辅助结算。

（2）铝板副框：副框的长度可以根据铝板标准样式图（GH 提取的铝板长度数据）推算。应合理套裁，提料长度种类不宜过多。

（3）加强筋：加强筋与铝板的连接方式有两种：胶粘和螺栓连接。

（4）折边：应注意折边是垂直于铝板面，还是垂直于水平面。折边打孔时，要注意孔位到边的距离，以防折边翻孔。

（5）铆钉：根据现场安装顺序，铆钉应在现场锚固。联系铝板厂，将铆钉配套送至现场。

（6）胶：注意胶的种类与色号，在下单时注意胶的损耗。

（7）螺栓：注意规格和弹垫片、平垫片、螺母的配套数量，以及安装顺序。

（8）型材厂—铝板厂—加工厂：注意应将铝板幕墙各部分材料料单配送至厂家，注意生产流程与加工顺序，注意配送地址。

（9）所需单据：下料单、套裁单、变更单。

（10）现场安装顺序：应按照进度计划及时与施工人员进行安装技术交底。

二十四、盾构管片优化在 BIM 技术的应用

1. 项目概况

万家丽路 220kV 电力隧道工程为总承包项目，是湖南省首条电力盾构隧道，涉及 BIM 专业为结构。项目包含 11 个盾构竖井以及 6km 长的盾构隧道，盾构隧道由混凝土衬砌管片拼装组合而成，设计管片为 1.0m 宽的标准环管片，包括直环、左转弯环、右转弯环。因此管片类型较多，拼装难度较大（图 1）。

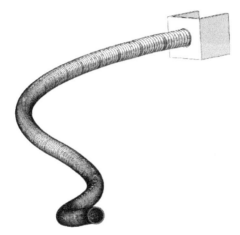

图 1　隧道模型示意图

2. 应用目标

通过分别建立标准衬砌环以及通用衬砌环的管片模型，导入至 SolidWorks 内分别进行管片拼装。根据区间模型的建立，得出所需的管片数量、构件数量以及工期对比，选择最优方案。

3. 参与部门

见表 1。

参与部门　　　　　　　表 1

序号	部门名称	协作内容
1	工程部	现场施工数据
2	商务部	沟通业主

4. 应用软件

见表 2。

软件清单　　　　　　　表 2

序号	软件名称	版本号	软件用途
1	Revit	2015	模型建立
2	Solidworks	2015	轻量化处理

5. 实施流程

实施流程如图 2 所示。

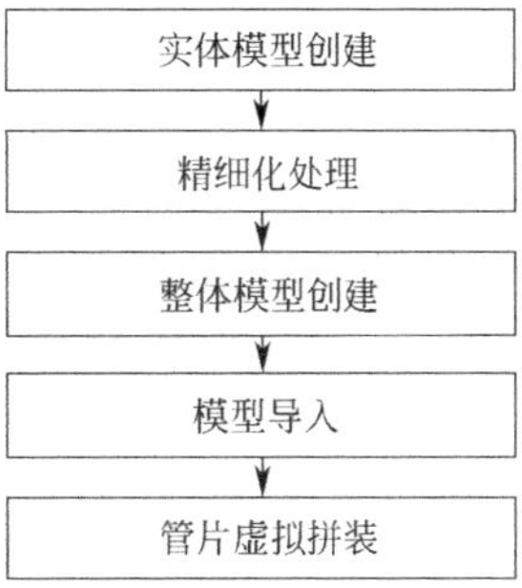

实体模型创建

↓

精细化处理

↓

整体模型创建

↓

模型导入

↓

管片虚拟拼装

图 2　流程图

步骤一：实体模型创建（图 3）。

图 3　实体模型创建

步骤二：精细化处理（图 4）。

图 4　精细化处理

进行空心放样，绘制放样路径，完成螺栓孔的创建（图5）。

图 5　实体模型螺栓孔示意图

重复上述步骤，使用相同的方法将其他螺栓孔绘制出来（图6）。

图 6　绘制其他螺栓孔

步骤三：整体模型创建。

重复管片模型步骤，使用相同的方法将其他型号管片绘制出来，最终组合成一整环管片（图7、图8）。

图 7　六种不同型号管片实体模型

步骤四：模型导入。导出格式为"ACIS"，随后打开 SolidWorks 软件。在软件界面中导入"ACIS"格式的衬砌管片模型文件，保存并关闭。

步骤五：管片虚拟拼装。新建 Solid-Works 装配文件，在界面工具栏中点击"插入零部件"选项（图9）。

选择盾构衬砌管片的 SolidWorks 软件模

图 8　整环管片实体模型

图 9　"插入零部件"选项

型，在操作界面中插入管片模型（图10）。

图 10　在操作界面中插入管片模型

随后则进行管片的拼装，这里需要借用 SolidWorks 中的"配合"功能（图11）。

图 11　"配合"功能

由于通用环管片为楔形管片，拼装时

管片侧面需对齐，因此，在装配时进行管片内侧"同轴心"配合、管片两侧"重合"配合、管片螺栓"同轴心"配合三个步骤即可将管片固定（图12～图14）。

全部拼装完成（图15）。

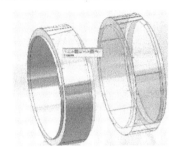

图12 管片内侧"同轴心"配合

图13 管片两侧"重合"配合

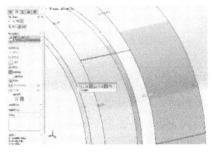

图14 管片螺栓"同轴心"配合

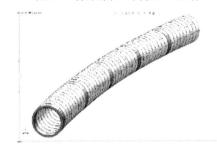

图15 装配管片模型成品示意图

6. 经验总结

（1）项目应用BIM技术需要全员参与。

（2）应注重信息数据的收集与传递。

（3）应统一各种线条标准，提高协同效率。

二十五、钢结构深化设计的应用

1. 项目概况

黔张常铁路张家界西站为基础设施项目，涉及 BIM 专业为钢结构深化设计应用。工程应用内容主要包括：钢网架提升深化、结构连形复杂节点深化。

难点 1：本工程网架为正交正放四角锥焊接球网架，网架整体成折线形分布，空间高差较大，对杆件加工精度和管件坡口尺寸要求严格，深化及加工难度大。

难点 2：网架结构为折线形，最大高差达 10.5m，空间分布复杂（图 1）。

图 1　项目效果图

2. 应用目标

结合 Tekla 软件实现 3D 实体结构模型和结构分析模型完全整合、3D 钢结构细部设计及生成制造与架设阶段所使用的输出数据等，有效地解决钢网架拼装、整体提升、细部节点深化等问题。

3. 参与部门

见表 1。

参与部门　　　　表 1

序号	部门名称	协作内容
1	技术质量部	建模分析
2	总包管理部	现场指导

4. 应用软件

见表 2。

软件清单　　　　表 2

序号	软件名称	版本号	软件用途
1	Tekla	2016	节点深化
2	Sap	2000	提升受力分析
3	CAD	2014	三维线模导入 Sap 软件

5. 实施流程

实施流程如图 2 所示。

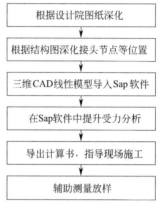

根据设计院图纸深化

根据结构图深化接头节点等位置

三维CAD线性模型导入Sap软件

在Sap软件中提升受力分析

导出计算书，指导现场施工

辅助测量放样

图 2　流程图

步骤一：对钢结构节点深化。通过创建钢结构模型，深化梁钢筋与钢柱连接、钢柱与混凝土结构连接等复杂连接节点，提前解决现场安装冲突的问题。同时，将导出深化完成后的图纸发往设计院确认，确认后即可根据详图由工厂进行预制化加工生产（图 3）。

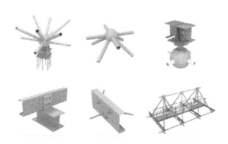

图 3　节点模型

　　在生产过程中，在每一个钢结构构件上贴上二维码，通过系统可直观地看出钢结构构件的编号、数量、类型、长度和重量等。在运输过程中实时跟踪，对发货、运输、验收、拼装进行二维码扫描，及时录入更新信息（图4）。

图4　钢结构构件二维码

　　步骤二：基于步骤一的深化模型，同步建立 CAD 三维模型，导入 Sap 软件，进行受力节点计算。用非线性阶段施工分析对提升过程进行验算，得出结构挠度和最大应力比满足要求，根据反力进行提升器型号的选择。同时，对提升结构、提升支撑结构、牛腿、埋件、提升节点、受力柱、网架杆件、临时杆件和临时球进行初次提升及二次提升验算（图5～图10），根据验算结果编制钢网架安全施工专项方案，指导现场提升钢网架。

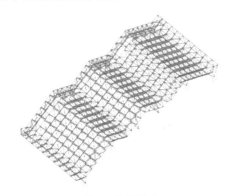

图5　验算模型

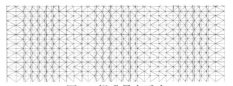

图6　提升吊点反力

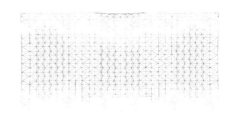

图7　结构竖向位移云图

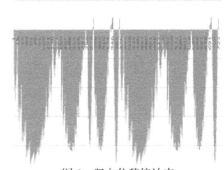

图8　竖向位移统计表

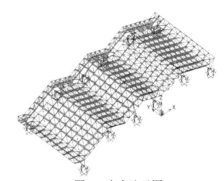

图9　应力比云图

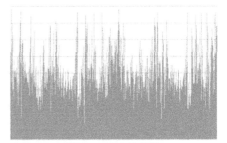

图10　应力比统计

步骤三：基于分析，进行现场测量定位，确定提升点。利用 CAD 的用户坐标系（UCS）设置三维坐标系，在每个小拼单元设置一个下弦球球心为原点（0，0，0），利用坐标插件标注小拼装单元内其他焊接球球心坐标。在下弦球图纸上，根据小拼装单元的区域，选择支撑点位置（下弦球），由图纸上的现场测量点引出，CAD 标注出支撑预埋件平面位置，并在小拼装单元各角点下弦球位置对应的混凝土结构中预埋支撑钢板，用于支撑和定位圆钢管和胎架，现场由全站仪进行测量控制

预埋。支撑点位置尽量选择在梁上，安全系数更高。

6. 经验总结

钢结构建筑越来越普遍，钢结构的深化及提升模拟也势必随着项目的增加而变得普遍。钢结构深化设计贯穿于设计、加工、施工的全过程，是构件加工及施工过程中必不可少的重要环节。为工程提供施工布置图和构件加工图，有助于结合现场制定切实可行的安装方案，实施临时辅助支撑布置、施工过程验算、结构分段安装的变形分析和控制、虚拟动画模拟等工作。

二十六、机电安装二次结构留洞图 BIM 出图

1. 项目概况

民生互联网大厦项目为商业办公综合体（图1），涉及的 BIM 专业为机电安装。项目地处广东省深圳市前海深港现代服务业合作区内，机电安装各专业子系统繁多，管线错综复杂，且该工程结构形式特殊，再加上业主对 BIM 应用的关注，给 BIM 深化设计提出更高的质量标准。

图 1 项目效果图

2. 应用目标

完成管线综合调整，并通过各方审核后，直接利用软件生成二次结构留洞图。将留洞图提供给土建施工人员，土建施工人员可以在砌墙时准确预留出机电安装的孔洞，减少后期拆改，从而提高了施工效率，减少了项目成本。

3. 参与部门

见表1。

参与部门　　　　　表 1

序号	部门名称	协作内容
1	土建工程部	土建施工

4. 应用软件

见表2。

软件清单　　　　　表 2

序号	软件名称	版本号	软件用途
1	Revit	2016	管线综合调整
2	建模大师	V8.1.1.0	开洞标注

5. 实施流程

实施流程如图 2 所示。

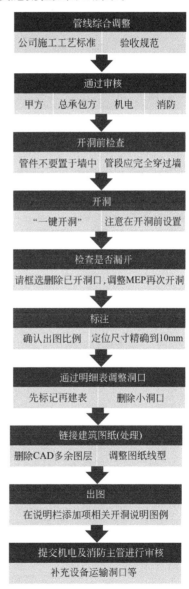

图 2 流程图

步骤一：依据公司施工工艺标准及相关验收规范等对机电管线综合进行调整（图 3）。

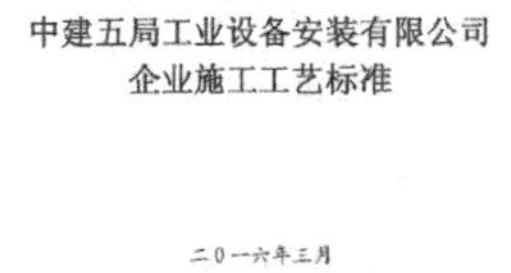

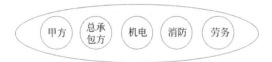

中建五局工业设备安装有限公司
企业施工工艺标准

二〇一六年三月

图 3　管线综合调整依据

步骤二：组织各方进行审核（图 4）。

甲方
总承包方
机电
消防
劳务

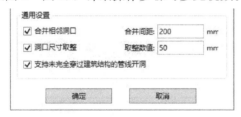

图 4　组织各方进行审核

步骤三：利用建模大师进行开洞标注（图 5～图 8），详细操作步骤可参见视频。

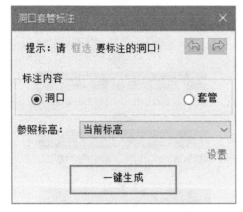

通用设置
合并相邻洞口
合并间距: 200 mm
洞口尺寸取整
取整数值: 50 mm
支持未完全穿过建筑结构的管线开洞
确定
取消

图 5　建模大师开洞前设置

洞口套管标注
提示：请 框选 要标注的洞口!
标注内容
洞口
套管
参照标高：
当前标高
设置
一键生成

图 6　建模大师标注前设置

步骤四：链接建筑图纸，添加开洞说明并出图（图 9）。

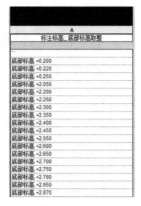

A
标注标高_底部标高取整
底部标高 +0.200
底部标高 +0.220
底部标高 +0.250
底部标高 +2.050
底部标高 +2.200
底部标高 +2.250
底部标高 +2.300
底部标高 +2.350
底部标高 +2.400
底部标高 +2.450
底部标高 +2.550
底部标高 +2.600
底部标高 +2.650
底部标高 +2.700
底部标高 +2.750
底部标高 +2.780
底部标高 +2.850
底部标高 +2.870

图 7　利用明细表调整洞口

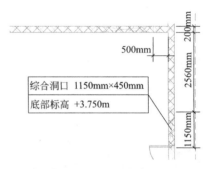

200mm
500mm
2560mm
综合洞口 1150mm×450mm
底部标高 +3.750m
1150mm

图 8　完成后局部效果

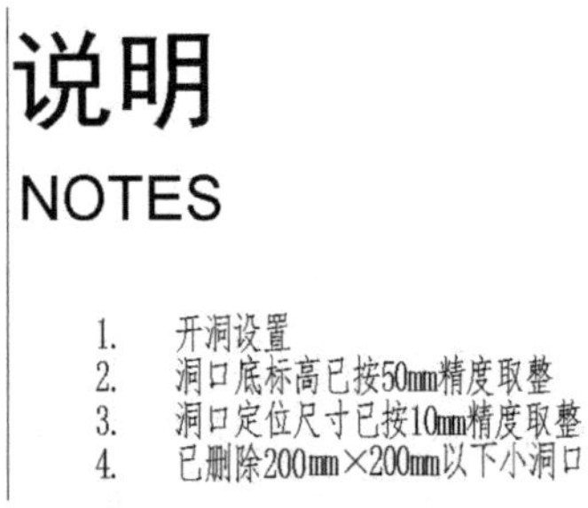

说明
NOTES
1. 开洞设置
2. 洞口底标高已按50mm精度取整
3. 洞口定位尺寸已按10mm精度取整
4. 已删除200mm×200mm以下小洞口

图 9　添加开洞说明出图完成

6. 经验总结

（1）注意管件不要被置于墙中，否则，不能开洞。

（2）可以对软件自动标注的洞口族、标注族进行编辑，满足出图要求。

（3）利用明细表对洞口底标高进行调整，删除 200mm × 200mm 以下小洞口。

二十七、系统参数复核在空调风系统中的 BIM 应用

1. 项目概况

中关村科技园丰台产业基地东区三期 1516-35 地块项目，涉及 BIM 机电专业，项目位于北京市丰台区，北邻五圈南路，东邻四合庄西路，南邻六圈路，西邻南梗村三号路。

该项目建设规划用地面积为 57956.85m²，总建筑面积为 210135.71m²。其中，地上建筑面积为 139096.40m²，地下建筑面积为 71039.31m²（图 1）。

图 1 项目效果图

2. 应用目标

秉持"参数建模，逐步复核"的理念，对项目全系统进行全周期、逐步性的参数复核。

3. 参与部门

见表 1。

参与部门　　表 1

序号	部门名称	协作内容
1	技术部	参数建模
2	工程部	施工反馈

4. 应用软件

见表 2。

软件清单　　表 2

序号	软件名称	版本号	软件用途
1	Rebro	2016	建模、复核
2	AutoCAD	2014	出图调整
3	Excel	2019	数据分析

5. 实施流程

实施流程如图 2 所示。

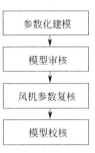

图 2 流程图

步骤一：参数化建模。

在机电安装过程中，由于管线综合平衡设计，以及精装修时会将部分管线的行进路线进行调整，由此增加或减少了部分管线的弯头数量，就会对原有的系统复核产生影响。通过 BIM 的准确信息，对系统进行复核计算，可以得到更为精确的系统数据，从而为设备参数的选型，提供有力的依据。

1）通过 Rebro 2016 建立建筑、结构、机电等专业的参数化模型，使其具有可视化协调性、模拟性、优化性和可出图性等特点。

2）按照《中建五局 BIM 构件制作标准》的规定，对构件的属性参数进行设定。

3）通过软件的测量功能，添加模型构件的空间几何信息，保证模型几何信息可被量取，并且，模型的重要几何信息可被通过属性信息读取，如管径尺寸、管道截面长、宽、高等。

4）在模型的属性面板中，直接体现所有的非几何信息，包括：图层名称、图层颜色、模型的材质、标高、连接方式、保温厚度、立管编号、流量、生产厂家等（图 3）。

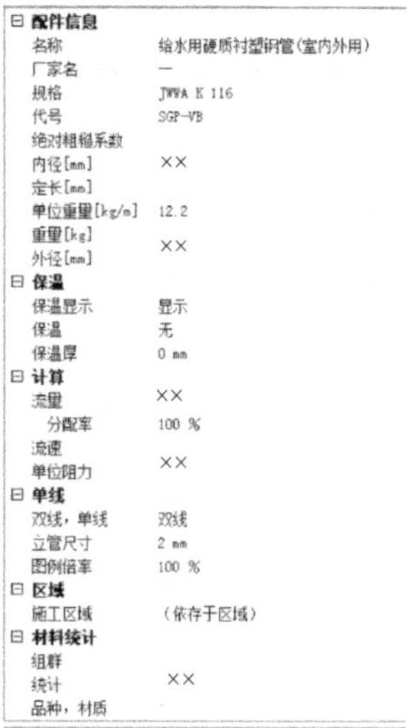

配件信息
名称　给水用硬质衬塑钢管(室内外用)
厂家名　—
规格　JWWA K 116
代号　SGP-VB
绝对粗糙系数
内径[mm]　××
定长[mm]
单位重量[kg/m]　12.2
重量[kg]　××
外径[mm]
保温
保温显示　显示
保温　无
保温厚　0 mm
计算
流量　××
分配率　100 %
流速
单位阻力　××
单线
双线，单线　双线
立管尺寸　2 mm
图例倍率　100 %
区域
施工区域　(依存于区域)
材料统计
组群
统计　××
品种，材质

图 3　模型属性信息

步骤二：模型审核。

要对模型进行严格的专业校对和模型审核，根据审核意见重新对模型进行修改（图 4）。

图纸会审
深化设计
专业建模
给水排水
暖通
电气
审核意见
模型审核
碰撞检查
材料清单
模型整合

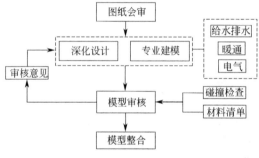

图 4　模型审核流程

步骤三：风机参数复核。

1）根据厂家提供的空调设备相关参数，将其整理成可被 Rebro 2016 识别的 CSV 文件，通过“配件信息读取”功能，将设备参数补充至 BIM 中（图 5）。

2）模拟实际施工完成后的运行状态，以 SF-10235 为例，进行风管阻力计算，对模型计算出的机外静压与设备计算组计算出来的机外静压进行对比，误差为 3%（图 6～图 8）。

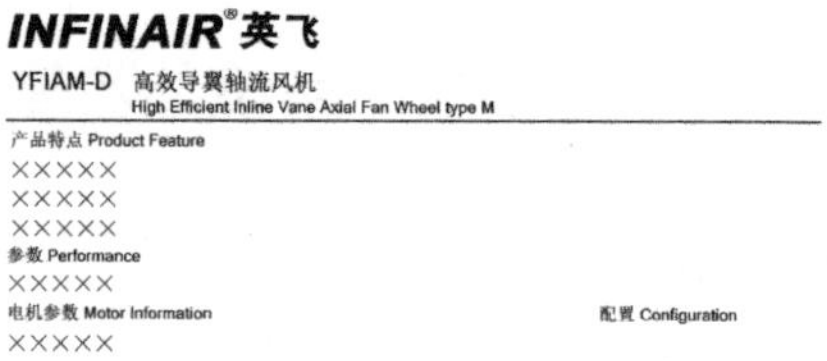

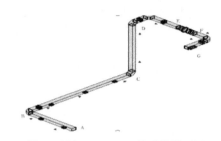

INFINAIR®英飞
YFIAM-D　高效导翼轴流风机
High Efficient Inline Vane Axial Fan Wheel type M
产品特点 Product Feature
×××××
×××××
×××××
参数 Performance
×××××
电机参数 Motor Information
配置 Configuration
×××××

图 5　模型风机参数信息

A
B
C
D
E
F
G

图 6　风机 SF-10235 单系统轴测图

风管阻力计算书

区间	种类	风量	风速	风管尺寸(mm)
×	××	×	×	×××
×	××	×	×	×××

图 7　导出风机 SF-10235 系统阻力计算书

总压降：　772.5Pa　×1.1
空气密度　×××kg/m³
空气黏度　×××kg/m·s

		风量
1.	排风百叶风口 不带调节阀	13200
2.	直风管	13200
3.	45°合流T形 三通(直管)	26400
4.	直风管	26400
5.	变径	26400

图 8　设计计算书

通过绘制每台设备的管线路由，使用 Rebro 2016，对设备进行参数复核。模型如有变化，也会关联更新计算结果，从而为设备参数选型提供正确的依据。

步骤四：模型校核。

在实际施工状态下进行参数复核的各设备、各系统反馈的结果，已经非常满足设计要求、功能要求、实际要求。如需要修改，应根据复核意见重新对模型进行修改，直至完成最终 BIM。

根据实际施工数据，修正原始设计模型，使模型包含项目全过程的真实信息。

6. 经验总结

（1）在机电系统安装过程中，由于管线综合平衡设计，以及精装修调整会将部分管线的路线进行调整，由此增加或减少了部分管线的长度和弯头数量，这就会对原有的系统参数产生影响。现在运用 BIM 技术后，绘制好机电系统的模型，接下来只需点击鼠标就可以让 BIM 软件自动完成复杂的计算工作。

（2）可加入"三维扫描技术"，可直接从现场快速逆向获取三维数据，从而完成模型的重新构建。在建设工程施工阶段，将 BIM 用于现场管理需要集成有效的技术手段作为辅助手段。扫描技术可以高效、完整地记录施工现场的复杂情况，与设计模型进行对比，为工程质量检查、工程验收带来巨大帮助。

二十八、装饰深化设计

1. 项目概况

黔张常铁路张家界西站为基础设施项目，涉及 BIM 专业为装饰深化设计。工程应用内容主要包括：建筑外立面深化设计与内装饰深化设计（图1）。

图1 项目效果图

难点1：工程定位为"精品站房，鲁班奖工程"，对项目细部节点要求严格。

难点2：建筑外立面与内装饰经过多次调整，各种排布图、工艺做法、节点大样图深化出图难度大，与机电专业如何配合施工是难点。

2. 应用目标

为同类项目争创鲁班奖提供参考，总结 BIM 技术在建筑内外装饰深化设计的应用。

3. 参与部门

见表1。

参与部门 表1

序号	部门名称	协作内容
1	技术质量部	深化设计管理
2	总包管理部	施工规划

4. 应用软件

见表2。

软件清单 表2

序号	软件名称	版本号	软件用途
1	Revit	2016	建模
2	3Ds max	2016	渲染出图
3	Sketchup	2016	建模

5. 实施流程

实施流程如图2所示。

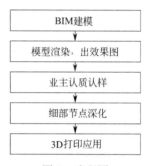

图2 流程图

步骤一：根据图纸建立模型。在建立模型的过程中，及早发现幕墙外立面与钢结构、混凝土结构的冲突问题。内装饰方面，由于综合美观与争创鲁班奖的要求，制定了墙对顶、墙对地的排砖原则，同时，核对幕墙立面与地面砖的接缝，在发现落客平台地面砖规格与幕墙模数不匹配后，积极争取设计变更。

步骤二：项目在出具效果图时，要进行综合幕墙分格，以及内装饰优化。对"奇峰叠翠、廊桥百里"设计理念进行扩展，充分提炼张家界奇山异景、土家族民族文化的属地化元素，将湘西土家族西兰卡普织锦、天门山等图案引入，体现山峦起伏的磅礴外观，以及山间吊脚楼的室内空间（图3、图4）。

步骤三：为争创鲁班奖，对细部节点深化如下：

1）站房砌体：结合机电安装专业预留

图 3 外立面效果图

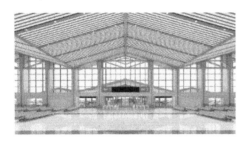

图 4 内装饰效果图

洞口,以及构造柱排布的要求,项目部积极组织 BIM 工作小组、装饰及机电安装单位开会交流,以洞口周围保持整砖、减少装饰切割为原则,通过 BIM 三维可视化核对标高、CAD 二维平面化核对位置,出具最终砌体排布图,指导现场施工,同时,安排专人跟踪,确保施工无误。

2)外立面优化:从张家界建筑特色及土家族文化角度出发,结合土家族西兰卡普织锦图案、吊脚楼建筑外观与广场相接的柱头,增加了张家界土司城九重楼上白龙吐水造型,门斗柱身优化成土家族吊脚楼八角柱,寓意迎接八方友人。同时,对门斗八方柱、檐口铝板分格缝、主入口处玻璃幕墙、站房外地面铺贴、站房外立面铝窗花、玻璃幕墙、吊顶、横梁、棱形檐口等部位进行优化(图5)。以 BIM 技术为辅导,出具大样图、工艺做法表、排布图,弱化分格缝对外立面的影响,确保外立面的整体性以及立体感。

3)内装修节点深化:利用 BIM 技术的三维可视化对卫生间、走廊的洁具、墙(地)砖等进行装修排布,优化精装修图

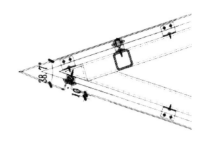

图 5 檐口节点深化图(举例)(mm)

纸,综合考虑结构墙、安装管线、饰面砖等的位置和尺寸关系。通过建立三维模型(图6),配合项目部进行前期策划,确保卫生间及走廊内装修的精细化。

图 6 卫生间 BIM 建模

步骤四:采用 3D 打印技术,将 Revit 模型导入、分解、切片,再导入到打印机,打印出模型样品。对项目的复杂节点及做法进行直观的方案讨论和技术交底,根据模型对方案的可行性进行论证,确定施工方案。

将 BIM 与 VR 结合,VR 在 BIM 的三维模型基础上,加强了可视性和具象性,通过构建虚拟展示,为使用者提供了交互性设计和可视化印象。在施工过程中,充分利用 BIM+VR,可在虚拟环境中建立周围场景、结构构件及机械设备等的三维模型,形成基于计算机的、具有一定功能的仿真系统,把不能预演的施工过程和方法表现出来,节省了时间和建设投资。同时,利用虚拟现实技术,对不同的方案,在短时间内做大量分析,保证施工方案的最优化。

6. 经验总结

在项目深化设计未充分理解业主要求、未深入了解项目特点、各自工作的情况下，让深化设计结合项目特点，既创造经济效益，又创建品牌效益。

二十九、装配式项目 BIM 技术的图纸深化应用

1. 项目概况

建投·沐春苑（太和路安置区二期）安置区施工项目（图1），总建筑面积为 247496.07m²，地下室建筑面积为 60835.25m²。

图1 项目效果图

2. 应用目标

本项目借助 BIM 技术，联合业主、设计及 PC 构件厂家等项目参与方，对 PC 构件进行深化设计，提前解决 PC 构件在施工过程中可能出现的问题，模拟了建造过程，提高了施工效率，减少了损失，缩短了工期。

3. 参与部门

见表1。

参与部门 表1

序号	部门名称	协作内容
1	工程部	辅助预制构件建模

4. 应用软件

见表2。

软件清单 表2

序号	软件名称	版本号	软件用途
1	Revit	2018	项目建模
2	CAD	2018	处理图纸

5. 实施流程

实施流程如图2所示。

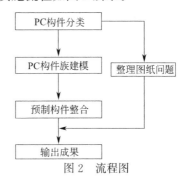

图2 流程图

步骤一：熟悉图纸，在建模前将图纸中的 PC 构件进行分类，包括：PCF 板、叠合板、空调板、内外墙等，明确构件建模规则及模型精度，方便对后期模型的整合。

步骤二：在构件分类完成后，对相应部位的构件进行建模（图3）。

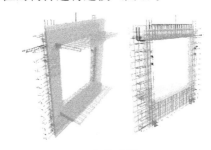

图3 构件建模（一）

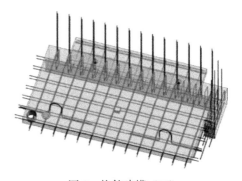

图3 构件建模（二）

步骤三：将各个单独的构件按照图纸位置进行拼装，在拼装过程中找出图纸问题，深化构件位置及尺寸（图4）。

步骤四：将在建模过程中发现的图纸问题，以报告的形式整理出来，输出 BIM 成果，包含主筋与灌浆孔、线盒预留与钢筋位置是否矛盾等。

6. 经验总结

（1）发现问题并及时记录，整理问题记录，生成错误报告。

（2）统一轴网、统一标高、统一构件，注意后期模型的合成，避免产生差错。

图 4　模型拼装

三十、BIM 技术在弱电深化设计方面的应用

1. 项目概况

莞惠城际轨道西湖站城市综合体项目（图1）位于广东惠州西湖景区旁，为城轨站上盖纯商业建筑，项目涉及 BIM 专业为强弱电、水暖及消防。由于机电设计较为初步，根据合同要求，对全机电专业进行深化设计，工作难度较大（图1）。

图 1 项目效果图

2. 应用目标

利用 Revit 绘制机电全专业模型，在模型的基础上进行综合排布、碰撞检查，有利于减少现场返工，缩短施工周期。进行三维和漫游，向业主展示安装后的效果，有利于推进已被深化图纸的理解和审批。

3. 参与部门

见表1。

参与部门   表1

序号	部门名称	协作内容
1	工程部	现场施工、实测实量
2	商务部	成本分析

4. 应用软件

见表2。

软件清单   表2

序号	软件名称	版本号	软件用途
1	CAD	2010	专业深化
2	Revit	2016	模型绘制
3	Fuzor	2017	漫游展示

5. 实施流程

实施流程如图 2 所示。

图 2 流程图

步骤一：对弱电 CAD 图纸进行深化。对设计院提供的初版弱电图纸进行参数复核，按规范和建筑功能划分、调整弱电设备安装位置。复核弱电管线尺寸和路由，调整为更合理的管线路由。增加图纸注释、说明和图例解释等，完善图纸内容（图3、图4）。

图 3 弱电图纸深化前

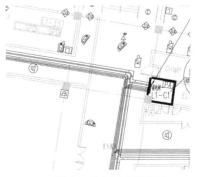

图 4 弱电图纸深化后

步骤二：利用深化后的弱电图纸绘制机电模型。将步骤一深化后的弱电图纸导入或链接到 Revit 软件中（图5），利用系统工具的电气部分选项，根据系统功能的需要，以及弱电深化图的内容，分别设置弱电管线的系统、尺寸、标高等信息，按弱电深化图的管线路由绘制弱电管线（图6），以注释区分不同功能的弱电设备管线（图7）。同理绘制其他机电专业管线及建筑结构。

步骤三：在模型的基础上进行管线综合排布和碰撞检查。在机电全专业管线绘制完成后，对弱电管线的路由进行优化，在不影响使用功能和其他机电管线排布的前提下，选取最优排布路由方案，达到节约材料的目的。使用协作工具栏的碰撞检查选项，将弱电管线与其他机电专业管线分别进行碰撞检查（图8），根据检查结果以及机电管线的避让原则，进行管线的合理避让与翻弯（图9），有效地梳理了机电专业管线之间的施工和避让顺序，减少现场施工碰撞导致返工的情况。将机电管线与建筑结构进行碰撞检查，避免不符合现场施工的情况，也有利于管线支架的设置和检修空间的预留，方便后期的维护与更换。

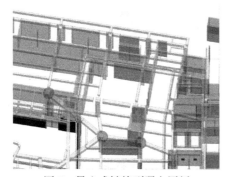

图 5　导入或链接到弱电图纸

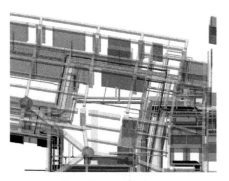

图 6　按弱电深化图绘制弱电管线

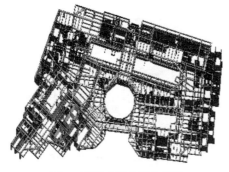

图 7　不同功能的弱电管线

图 8　管线碰撞检查前

图 9　管线碰撞检查后

步骤四：根据步骤三修改完成的模型进行三维和漫游。将修改完成的模型载入Fuzor软件内进行漫游操作，以人的第一视角向业主、顾问、监理直观地展示机电管线安装完成后，现场可以达到的净高空间和视觉效果（图10），以此加强三方对图纸深化工作的认可，推进专业深化图纸的审批进度。同时，模型的三维和漫游展示也是对管线排布效果的一次复核与检验，能减少错误和遗漏的发生。

步骤五：导出弱电施工图纸。在模型得到业主、顾问、监理的认可后，将Revit模型弱电管线的系统、标高、间距等标记，选择导出CAD格式和版本，完成Revit模型到CAD平面施工图的图纸转换。

图10 漫游展示

6. 经验总结

专业图纸的深化是BIM应用的基础。

狭窄走道区域检修空间不仅是后期管线检修维护的通道，也是上层桥架穿线敷设电缆的施工通道。

模型漫游可以有效地辅助检查管线排布效果。

三十一、BIM 在铝模板深化技术中的应用

1. 项目概况

杭州奥克斯项目位于杭州市余杭区仓前街道海曙路与创景路交叉口，整个项目为超高层综合体项目，包含 4 栋超高层住宅、1 栋大型商业以及 1 栋超高层综合体。其中，4 栋超高层住宅高度在 138~148m，主体结构施工采用铝模板施工工艺（图1）。

图 1　项目效果图

2. 应用目标

本项目主要利用 BIM 建模技术，在铝模板施工过程中，首先，把门窗过梁、边框，阳台反坎，端头墙，外墙砌体线条等二次结构优化为一次结构，提高了施工效率。其次，将二次砌体与一次结构连接处增设压槽，避免后期抹灰连接处开裂。最后，对套管固定的方式进行创新，解决了铝模板施工过程中套管难固定的问题。

3. 参与部门

见表1。

<table>
<tr><td colspan="3">参与部门</td><td>表 1</td></tr>
<tr><td>序号</td><td>部门名称</td><td colspan="2">协作内容</td></tr>
<tr><td>1</td><td>技术部</td><td colspan="2">模型建立
图纸深化</td></tr>
<tr><td>2</td><td>工程部</td><td colspan="2">现场实施</td></tr>
</table>

4. 应用软件

见表2。

<table>
<tr><td colspan="3">软件清单</td><td>表 2</td></tr>
<tr><td>序号</td><td>软件名称</td><td>版本号</td><td>软件用途</td></tr>
<tr><td>1</td><td>Revit</td><td>2016</td><td>模型建立</td></tr>
<tr><td>2</td><td>CAD</td><td>2014</td><td>图纸深化</td></tr>
<tr><td>3</td><td>Navisworks</td><td>2014</td><td>碰撞检查</td></tr>
</table>

5. 实施流程

实施流程如图 2 所示。

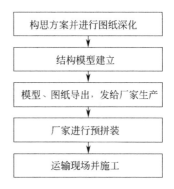

图 2　流程图

步骤一：构思方案并进行图纸深化。将门窗过梁、边框，阳台坎，端头墙，外墙砌体线条等二次结构，均化为一次结构。

步骤二：模型建立（图 3~图 6）。

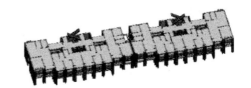

图 3　标准层深化图模型建立

步骤三：将模型以及图纸导出，发给厂家，由厂家生产构件（图 7）。

图 4 楼梯三步深化

图 5 铝模板标准构件深化

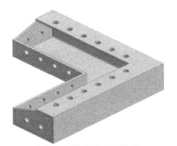

图 6 数字高程模型

图 7 厂家按图加工生产

步骤四：厂家将构件进行预拼装（图8）。

图 8 厂家进行预拼装

步骤五：将构件运输到现场，由施工人员在现场拼装（图9）。

图 9 铝模板现场拼装

6. 经验总结

（1）铝模板深化要重点考虑二次结构与一次结构连接处如何处理。

（2）深化模型后要进行碰撞检查，调整发现的问题。

三十二、BIM 预分析助力幕墙方案优化

1. 项目概况

长沙大王山冰雪世界幕墙项目包括冰雪乐园和入口综合楼两部分，幕墙总面积为 $31526.35m^2$，主要幕墙类型有干挂铝板、框架玻璃幕墙和 FC 板（图1）。

图1 项目效果图

冰雪乐园幕墙为干挂铝板幕墙，原模型铝板为三角形平面铝板，有普通铝板 3476 块，有铝板百叶 528 块。各铝板尺寸无一相同，且铝板间夹角角度各异（图2）。

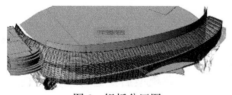

图2 铝板分区图

2. 应用目标

通过 BIM 技术对幕墙表皮进行位置、尺寸及角度分析，判断设计和施工方案的可行性，确定优化方案，并达到优化下料的目的。

3. 参与部门

见表1。

参与部门　　　　表1

序号	部门名称	协作内容
1	工程部	制定施工方案
2	设计部	分析表皮情况

4. 应用软件

见表2。

软件清单　　　　表2

序号	软件名称	软件用途
1	Rhino	模型分析
2	Grasshopper	数据提取
3	WPS/Excel	数据记录

5. 实施流程

步骤一：细化模型。在已有铝板表皮模型的基础上，根据主体钢架图和幕墙招标图，建立钢架及幕墙龙骨简化模型（图3）。

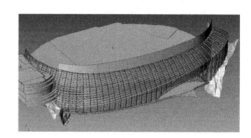

图3 简化模型

步骤二：位置信息分析确定。冰雪世界，外侧临空近 60m，整体结构外倾 0.8m，铝板外挑近 1.6m，无法采用外架和吊篮施工。为了应对紧张的工期，决定在 36.4m 高的消防疏散平台上搭设满堂脚手架，配以总承包方塔式起重机，进行幕墙各工序的安装。满堂脚手架可在多点施工，高效、可靠（图4～图8）。

图4 主体钢架折角角度

图 5　主钢架悬挑出平台距离分析

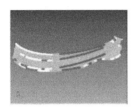

图 6　钢结构曲率分析

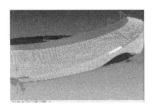

图 7　铝板完成面悬挑出平台距离分析

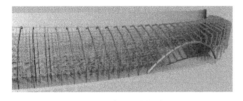

图 8　满堂脚手架布置

步骤三：相对夹角分析，确定连接节点设计方案。根据铝板上下、左右及斜交角度数据分析结果，发现原连接节点设计方案无法适应铝板多角度变化，进而确定了新的连接节点方案（图 9～图 11）。

图 9　左右铝板夹角分析

图 10　铝板系统连接方案

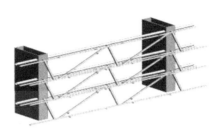

图 11　百叶系统连接方案

6. 经验总结

通过 BIM 预分析，提前找出初期方案的不足，避免了人力成本的浪费，避免了材料成本的浪费，避免了进度延后等问题。

三十三、给水排水专业 BIM 深化设计

1. 项目概况

南宁太平金融大厦为超高层写字楼（图1），BIM 应用包括土建、机电各专业的模型建立、管理。项目对 BIM 的深化要求高，需要根据不同时间、不同需求对模型深度进行分阶段精细处理，过程中的动态维护、模型需要不断被深化。

图 1 项目效果图

2. 应用目标

利用 BIM 技术深化设计、出图。对管线综合进行碰撞检查，净高检查；进行方案比选，选择最优方案；对管线支架进行计算、优化，使用联合支架；创建全景模型，实现所见即所得；利用模型进行材料精细化管理；为大型设备运输及施工提供数据支持。

3. 参与部门

见表 1。

参与部门　　　　　　　　表 1

序号	部门名称	协作内容
1	工程部	建模及方案提出
2	物资部	物料计划

4. 应用软件

见表 2。

软件清单　　　　　　　　表 2

序号	软件名称	版本号	软件用途
1	AutoCAD	2015	出图打印
2	Revit	2015	模型构建
3	Navisworks	2015	碰撞检测 场景漫游

5. 实施流程

实施流程如图 2 所示。

图 2 流程图

步骤一：制定深化设计方案，拟订深化设计计划。结合项目整体情况，根据项目总进度计划、施工部署情况、项目 BIM 应用方式，以及 BIM 服务技术要求等，制定深化设计方案和 BIM 实施策划。既规范了机电深化设计工作程序，又提高了图纸制作质量，使图纸制作的规则、标准、内容和出图深度得到统一。向业主等单位提交了《深化设计策划书》及《超高层机电工程深化设计方案》。

深化设计计划以及重难点分析。项目是集商业、办公和酒店一体的大型综合超高层项目，内部设施完备，涉及机电专业系统多，功能齐全，设备先进，管线错综复杂，智能化程度高。要使各系统的使用

功能达到最佳效果，整体排布更美观是工程机电深化设计的重点，也是难点。地下室、裙楼、设备层、管井及酒店公共走道管线布置高度密集，是深化设计的重中之重。

步骤二：构建深化设计模型，优化方案及路由。各专业根据《深化设计策划书》构建 BIM 初步模型，同时，根据技术部及工程部提出的方案，进行多方案的 BIM 构建。通过成本分析以及考虑施工的技术难度等，综合比选，选择最优的深化方案，进行下一步的精细化深化设计。

步骤三：在机电专业的综合深化设计过程中，碰撞检测是非常重要的。因为机电图纸中的碰撞可以对施工进程、设计是否修改、材料成本和预算是否超支造成严重的影响。

基于步骤二生成初步深化设计模型，利用 Navisworks 软件进行机电管线的碰撞点检测，生成碰撞报告。并根据碰撞报告进行管线综合的深化设计，使深化设计图具有现场施工指导意义。经过碰撞调整，以及标高矫正的深化图，可以被提交审核指导现场施工（图3～图5）。

图 3 给水排水管道碰撞检测图

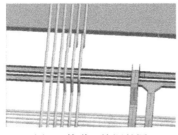

图 4 管道碰撞调整图

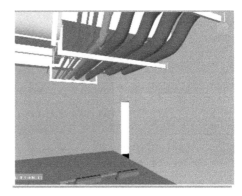

图 5 综合支吊架三维模型

其中，通过构建的 BIM 三维模型，能够更加直观地看到碰撞发生，这是在平面图上不能实现的。在碰撞检测后，能够快速发现碰撞产生的位置，极大地提高了解决碰撞问题的效率；进一步的管线排布、分层设计，可以减少单个支吊架的使用，而采用联合综合支吊架，大大节省了人力、物力，并且，这些都能在三维视图中被直观表现。

步骤四：设备房、展示区等重点区域可视化设计。由于设备机房管道的复杂性，以及对机房设备布置的实用性，对于设备机房等重点区域，进行了着重的精细化设计，这类区域也被列为关键节点，也是重点突破对象。

其次，为了更好地展示项目的 BIM 应用效果，也对展示区、机房等进行了可视化设计，采用漫游的形式表现。

通过现场展示区和 BIM 效果展示的对比，真实地展现所见即所得的情况，打消了业主的疑虑，增进互信，也为后续的图纸审批程序加快，提供了有力保障（图6、图7）。

图 6　制冷机房效果图

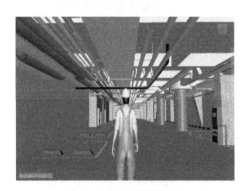

图 7　展示区漫游演示

步骤五：通过 Autodesk BIM 360 Glue 实现云设计协同，搭建了多设备连接，更好地为现场施工进行指导。调整过的深化设计图，也为材料物资管理提供了更加丰富的数据，大大提高了材料下单的效率。众所周知，管道安装施工算量最麻烦的就是各类管件的统计和计算，通过 BIM 深化的图纸，大大提高了材料统计的效率。

6. 经验总结

（1）BIM 深化设计参与单位众多，前期的深化设计策划及设计标准的制定，须经多方认可，减少后续交互带来的不必要麻烦。

（2）应严格执行深化设计图的施工安装，避免因现场施工交底不到位或疏于管理而带来的现场与图纸不匹配的问题。

三十四、BIM 轻质隔墙深化技术的应用

1. 项目概况

中国科技大学高新园区选址于合肥高新区。规划总用地 102.46 万 m^2，由园区、附属中（小）学和幼儿园、人才公寓三部分构成（图 1）。专业涉及面广，包括了建筑、结构、机电、装饰等 BIM 应用，成功地使 BIM 技术与现场管理相结合。

图 1　项目效果图

2. 应用目标

园区中的图书教育中心轻质隔墙分布较广、工程量较大，很难把控，质量要求较高，工期紧、任务重，施工难度较大。本次深化设计主要对图书教育中心轻质隔墙进行定位，绘制轻质隔墙模型，优化附着在楼梯下部的不规则轻质隔墙，并进行深化设计出图，导出轻质隔墙工程量，利用深化设计模型进行三维技术交底。

3. 参与部门

见表 1。

参与部门　　　　表 1

序号	部门名称	协作内容
1	技术部	提供技术支持

4. 应用软件

见表 2。

软件清单　　　　表 2

序号	软件名称	版本号	软件用途
1	Revit	2018	建模
2	CAD	2016	处理图纸

5. 实施流程

实施流程如图 2 所示。

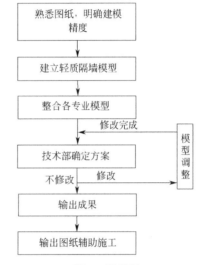

图 2　流程图

步骤一：熟悉图书教育中心包含轻质隔墙位置的图纸，明确需要提高模型精度的部位。

步骤二：对轻质隔墙进行 BIM 精细化建模（图 3）。轻质隔墙为实心条板，通过两边的公母隼槽对拼完成。轻质隔墙节点图包含立面图、平面图、三维视图、拼装大样图（图 4）。

步骤三：整合各专业模型。利用已经深化完成后的机电管线综合模型与步骤二中建立的初步轻质隔墙模型进行整合，寻找是否有穿过轻质隔墙区域的管线、线盒、线槽等，对穿过的区域进行标记及定位，方便现场施工人员弹线（图 5）。将现场管线穿过轻质隔墙的洞口位置标记好，并记

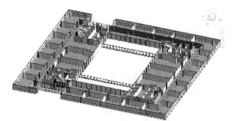

图 3　深化设计模型

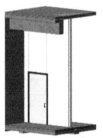

图 4　模型图

录洞口大小，方便后期开洞定位（图 6）。

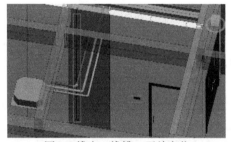

图 5　线盒、线槽、开关定位

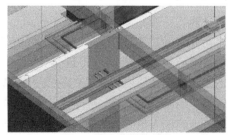

图 6　管线穿隔墙部位

步骤四：与项目管理人员进行方案审核（图 7），在审核过程中对需要修改的地方进行记录，并按照修改意见及时对 BIM 方案进行调整，确认模型的实时性、最终性。

图 7　BIM 成果评审

步骤五：输出 BIM 成果。模型确定之后，利用模型的可出图性，输出平面图及剖面图（图 8）。将轻质隔墙工程量，与模型一同打包发送给项目技术部人员，项目人员通过浏览 BIM 及轻质隔墙的类型明细表（图 9）可以做到对轻质隔墙安装完成后的样子心中有数，输出的图纸可以直接用来在现场辅助施工。

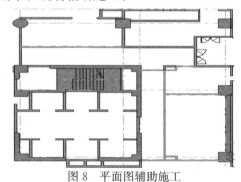

图 8　平面图辅助施工

轻质隔墙明细表

类型	类型注释	面积	长度	高度	厚度
××	××	××	××	××	××
××	××	××	××	××	××
××	××	××	××	××	××
××	××	××	××	××	××

图 9　工程量统计

6. 经验总结

（1）明确需要提高建模精度的位置，重点关注该区域模型的尺寸。

（2）整合模型前，须提早确认机电管线的排布方案，避免有大范围的改动。

（3）与技术部对接时，要召开专门的会议进行讨论。

三十五、BIM 技术在二次结构施工建立样板的应用

1. 项目概况

迎宾路地块棚户区改造安置及开发项目位于太原市晋源区迎宾路以北，20m 规划路以东。项目由 7 栋高层及附属商业、1 栋幼儿园、托老所及地下车库组成，总建筑面积 134321.68m² （图 1）。

图 1　项目效果图

2. 应用目标

旨在通过 Revit 建立模型，对二次结构砌体施工进行优化。主要为二次结构施工建立样板，指导现场的施工步骤，以及对现场结构施工人员进行三维可视化交底，进而对施工进行专项指导。

3. 参与部门

见表 1。

参与部门　　　　　　　　表 1

序号	部门名称	协作内容
1	技术部	负责模型的建立
2	工程部	对楼层状况进行考量
3	材料部	配合施工
4	安全部	安全优化

4. 应用软件

见表 2。

软件清单　　　　　　　　表 2

序号	软件名称	版本号	软件用途
1	Revit	2016	模型建立
2	AutoCAD	2016	楼层结构的参考及优化
3	广联达 BIM 施工场地布置软件	V7.6	参观路线的模拟

5. 实施流程

步骤一：对现场的地形进行实地考察，考虑 13 号楼 3 层是否符合样板间的作业条件（图 2）。

图 2　现场地形图

结合图纸对 13 号楼样板间方案进行选择，中间 B1 户型为砌筑样板间，西侧 A1 户型为墙体抹灰、地暖样板间，东侧 A1 户型为成品交付样板间。

步骤二：对 13 号楼 3 层进行 Revit 模型的建立，按照图纸进行施工。首先，进行结构墙板的施工（左侧为建筑墙体模型施工），然后，对建筑墙（右侧墙体）进行绘制（图 3）。

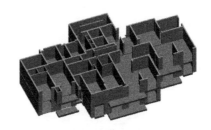

图 3　结构墙体与建筑墙体的模型绘制

步骤三：根据建立的结构模型，进行房间样板间的布置。首先，对门洞进行创建，通过结合建筑图纸，将门窗按照图集做法安装在建筑墙上；然后，根据门窗洞口尺寸，进行建筑的门过梁、抱框柱、构造柱设置。

其中，门过梁模型要伸入墙体 200mm，构造柱设置马牙槎。

步骤四：砌体排砖。按照图纸对建筑墙的砌体尺寸进行优化设计。设置导墙，设置砌体排砖，设置塞缝砖（图 4）。

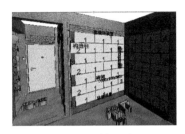

图 4　砌体排砖

步骤五：在砌体结构排砖完成后，对墙体钢丝网铺设砂浆、找平、抹灰（图 5）。

图 5　墙体钢丝网铺设砂浆、找平、抹灰

完成抹灰后的效果图见图 6、图 7。

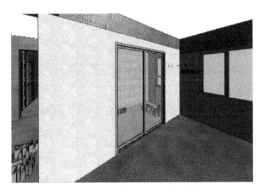

图 6　完成抹灰后的效果图

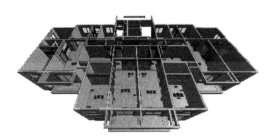

图 7　效果展示图

6. 经验总结

（1）排砖图要与施工人员研讨，充分听取他们在实际施工中可能遇到的各种问题。

（2）根据现场的工艺做法，及时调整模型的灰缝高度、塞缝砖高度。

三十六、二次结构 BIM 排砖技术的应用

1. 工程概况

未来科技城北区包括 3 栋商品房、2 栋公租房、3 栋办公楼附属用房及纯地下车库，总建筑面积 181108.7m²。其中，地下部分建筑面积 56812.7m²，地上部分建筑面积 124296m²（图 1）。

图 1　项目效果图

2. 应用目标

应用 BIM 排砖技术可以减少砌块的二次搬运，节省砌筑时间，提升砌筑质量。同时，减少建筑废料，提升信息化管理水平，控制潜在的质量风险。

3. 参与部门

见表 1。

参与部门　　　　　　　　　表 1

序号	部门	协助内容
1	技术部	BIM 排砖
2	材料部	限额领料
3	工程部	对现场实施监管

4. 应用软件

见表 2。

软件清单　　　　　　　　　表 2

序号	软件名称	软件用途
1	广联达	预算用量
2	AutoCAD	二维画图
3	BIM5D	BIM 排砖

5. 实施流程

实施流程如图 2 所示。

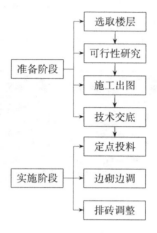

图 2　流程图

步骤一：选定楼层，对楼层进行可行性分析。

（1）对标准层墙体随机取样，进行了初步的墙体砌块排列，通过一定的计算规则，得出 BIM 排砖量。

（2）用 BIM 排砖量和 GCL 预算模型量进行对比，得出数据差值。

步骤二：施工出图。

（1）在 BIM5D 中设置砌块规格和灰缝尺寸，设置圈梁、构造柱尺寸，生成自动排砖图（图 3）。

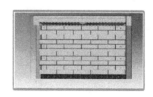

图 3　自动排砖图

（2）调整自动排砖方案，确保在符合规范的情况下尽量减少碎砖数量，并保证墙体的美观性。

（3）在 BIM5D 自动排砖功能中，一键导出 CAD 排砖图，并手动修改顶砖区域。

（4）统计各阶段墙体砌筑用量，最后编辑图框，插入二维码。

步骤三：技术交底。

向施工工人、工长进行排砖技术交底，并做好思想工作。

步骤四：定点投料。

严格把控材料的数量，依据墙体规格和砌块用量对整体标准层的区域划分，并指挥工人在规定的区域内卸料（图4、图5）。

图4　定点投料（一）　　图5　定点投料（二）

步骤五：边砌边调。

现场调派一名 BIM 技术人员监督工人砌筑，并实时反馈现场信息。由于现场实际尺寸与 BIM 尺寸有偏差，需要 BIM 技术人员对排砖图进行实时调整。同时，复核线位，及时纠正放线误差（图6）。

图6　边砌边调

步骤六：排砖调整。

根据工人反馈意见，调整排砖图。现场人员反馈 BIM5D 自带的出图版式（已优化）看起来有点"麻烦"。新版式简洁明了，可直接在排砖图上标注砖块尺寸。

步骤七：洞口砌筑。

根据洞口的位置进行精准地砌体排布。注意水井、防火门旁边的配电箱，由于设计出图时未考虑门边柱，导致配电箱尺寸过长，在现场施工时将防火门整体左移10cm。

6. 经验总结

（1）限额领料：减少二次搬运。

通过自动排砖精确统计每层的砌块用量。保证现场工人砌筑完成后，现场剩余的各规格砌块在5块以内。

（2）定点投放：节省砌筑时间。

（3）统筹砌筑：减少建筑废料。

（4）环形监管：提升砌筑质量。

在 BIM 排砖过程中，利用排砖图将责任人落实到个人。形成审核→砌筑→检查的闭环式质量管理过程。加强了总承包方对分包方的监管力度，提高了质量管理水平。

（5）扫二维码：提高信息化管理水平。

（6）模式转变：控制潜在的风险。

利用 BIM 排砖技术，降低了二次搬运的风险。

三十七、应用 BIM 技术实现二次结构排砖图的快速绘制

1. 项目概况

太原市碧桂园·城市花园项目位于太原市府东街东延线和二广高速交叉口东北角，府东街以北，东峰路以西。

本工程一标段为 6 栋高层、2 栋商业裙楼及一段地下车库，总建筑面积 $117719m^2$，其中，地上建筑面积 $102383m^2$，地下建筑面积 $15336m^2$。标准层高 2.9m，地上部分为 18～33 层，建筑高度为 51.32～95.96m（图 1）。

图 1 项目效果图

2. 应用目标

利用 Revit 的强大建模功能和建模大师等相关插件的快速计算能力，结合现场施工情况快速绘制排砖图，有效地解决了 CAD 重复绘图工作，将技术人员的劳动由绘图工作转移到结合图纸与现场实际方案比较，提高现场施工效率与质量管理水平。

3. 参与部门

见表 1。

参与部门　　　表 1

序号	部门名称	协作内容
1	物资部	进场砌体规格资料提供
2	工程部	现场实施

4. 应用软件

见表 2。

软件清单　　　表 2

序号	软件名称	版本号	软件用途
1	Revit	2016	砌体结构建模
2	建模大师	2018	砌体排砖
3	CAD	2017	标注调整出图

5. 实施流程

实施流程如图 2 所示。

图 2 流程图

步骤一：在 CAD 软件中，将各楼铝模板深化图调整到合适尺寸，删除与结构建模不相关的内容。

步骤二：将步骤一调整好的 CAD 图纸导入 Revit，完成砌体墙的结构建模（图 3）。

图 3 Revit 建模立体图

步骤三：导入图纸后，按照铝模板深化图中砌体墙的位置和尺寸，再结合层高表，绘制标准层建筑墙模型，并对材质、墙厚等参数进行修改（图4）。

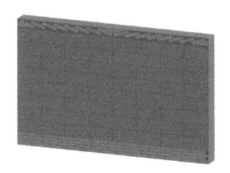

图4 修改墙体材质参数

步骤四：砌体墙结构建模完成后，打开建模大师插件，利用插件中的砌体排砖功能进行排砖。提前计算好顶砌方式、顶砌尺寸、灰缝宽度、砌块规格。完成软件自动排砖后，再根据砌块规格进行优化，尽量减少切砖，提高废砖利用率。

步骤五：将Revit中自动计算生成的排砖图导出为CAD图纸，在CAD软件中对导出的排砖图进行整合，标注尺寸，完整出图。

6. 经验总结

（1）在二次结构排砖图中，根据需要绘制建筑墙，不需要绘制标高轴网，不需要全部建模。

（2）根据软件计算的排砖图修改砖长，在此过程中，通过合理计算可以提高半砖利用率。

三十八、BIM 在砌体施工方案中的应用

1. 项目概况

唐山橡树湾贰号院项目总承包工程位于唐山市路北区友谊东辅路东侧、荣华道南侧、龙华道北侧，该工程由 19 栋高层及 7 个配套商业和地下车库组成。其中，砌筑工程量较大，质量要求高，且不同墙厚相交，转角等类型墙体偏多，砌筑难度较大，所以需要进行二次排砖设计，以达到节省工期、提高质量、节约成本的目的。

2. 应用目标

本方案利用 Revit 建模软件与 CAD 相结合，进行圈梁、构造柱深化，最终输出砌体排砖图，并将排砖图上墙。使现场按照排砖图进行施工，减少砌块的切割率及损耗、减少在施工过程中因质量问题造成的拆改等，从而达到节省工期、节约成本的目的。

3. 参与部门

见表 1。

参与部门　　　　　　表 1

序号	部门名称	协作内容
1	技术部	砌体排砖
2	工程部	现场施工
3	物资部	物资购买
4	商务部	商务预算

4. 应用软件

见表 2。

软件清单　　　　　　表 2

序号	软件名称	版本号	软件用途
1	Revit	2016	三维建模
2	CAD	2014	出排砖图 优化排砖图

5. 实施流程

二次结构砌筑原方案，包含砌体、构造柱、圈梁、过梁、压顶、抱框柱、反坎、窗台板等构件的施工，且 100mm 墙厚较多，施工过程复杂，没有三维可视交底，无排砖图及砌块料表，无法集中切割等。

蒸压加气混凝土砌块作为一种替代黏土砖的新型墙体材料，具有优良的隔热、保温性能，长期以来被用于各类建筑的围护和填充结构。蒸压加气混凝土砌块施工现场砌块切割随意、凌乱，切割不平整，废料较多，损耗率大，没有粉尘控制措施，粉尘量非常大，对工人的身体健康有极大危害。现场切割尺寸控制不准确，影响了整体砌体的排布及观感效果。

对二次结构优化后，利用 BIM 软件的三维可视化功能，在三维模型上进行砌块的布置，实现了对砌块布置的协调和优化。通过软件自带的自动统计功能，统计不同规格砌块的数量，并且将砌块的加工由以前的楼层加工改为集中加工，提高了施工效率，减少了砌块的浪费，优化了施工环境。

步骤一：在 CAD 图纸中进行构造柱深化，标出所有构造柱位置、尺寸；原方案中只有构造柱尺寸、部位描述，没有在具体的图纸中体现出来，现场实际操作时容易出错。

步骤二：根据深化的构造柱位置及尺寸进行 Revit 建模，输出三维砌体排砖图（图 1）。原方案需要现场进行排砖计算、切割，费时、费工。

步骤三：通过步骤二生成的三维模型进行可视化技术交底，使交底更加清晰明了，被交底人员更容易理解，由三维模型生成排砖图及用料表。原方案中技术交底无三维模型及二维排砖图，使得被交底人

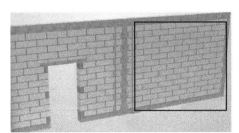

图1 输出三维排砖图

不容易接受。

步骤四：将输出的排砖图及用料表上墙，指导现场施工，极大地提高了工作效率（图2）。

6. 经验总结

经过认真研究和探讨，为改变当前施工现状，通过优化砌体施工方案，利用BIM技术，对墙体在三维模型中进行排布，并导出相关控制数据和砌块清单，在

图2 现场效果图

方案中增加相关三维模型和节点深化图，使得进行方案交底时，被交底内容更加简单、易懂。此外，在集中加工区，根据控制数据进行加工，分类集中堆放，并运输至施工现场。根据现场排砖图和三维模型，进行砌体施工。最终，可以形成基于BIM的加气砌块砌体工程标准化施工工艺，从而达到节约成本及缩短工期的目的。

三十九、BIM 在砌体排布中的应用

1. 项目概况

顺德欢乐海岸主题公园为 EPC 项目，BIM 专业包括结构、机电、园林。项目位于顺德大良，占地面积 18 万 m²，地下机房、游乐设施众多，施工方面临施工工期短、施工场地面积巨大、第一次进行主题公园项目施工等挑战（图 1）。

图 1　项目效果图

2. 应用目标

使用 BIM5D、Revit 等软件相互配合，快速生成砌体排布图，统计砌体材料需用量。在项目整个砌体工程施工中有利于控制砌体砌筑质量，降低材料损耗率，减少二次搬运，实现降本增效。

3. 参与部门

见表 1。

参与部门　　　　　　表 1

序号	部门名称	协作内容
1	测量部	测量放线
2	工程部	砌体施工

4. 应用软件

见表 2。

软件清单　　　　　　表 2

序号	软件名称	版本号	软件用途
1	Revit	2016	砌体排布
2	BIM5D	3.0	砌体排布

续表

序号	软件名称	版本号	软件用途
3	CAD	2016	二维出图
4	协筑	2.27	移动端查看

5. 实施流程

步骤一：在 Revit 软件中，对建筑结构进行精细化建模，利用 BIM5D 插件导出 E5D 格式模型文件，再导入 BIM5D 软件之中。如果有 GTJ 算量模型，可直接导出 IGMS 格式文件导入 BIM5D 软件中（图 2、图 3）。

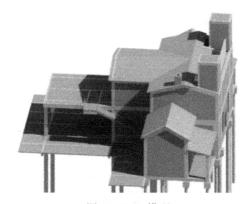

图 2　Revit 模型

图 3　BIM5D 模型转换

步骤二：根据二次结构施工方案，进行砌体自动排布参数设置，输入砌块规格和灰缝尺寸，输入圈梁、构造柱尺寸，并对机电管道安装孔洞进行预留，生成自动排砖图。调整砌体自动排布方案，确保在符合规范的情况下尽量减少碎砖数量，并保证墙体的美观（图4）。

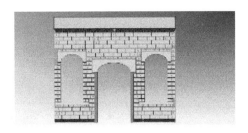

图4 BIM5D快速排砖

针对一些复杂墙体及L形、T形转角，需要采用Revit参数化建族的方式进行砌体排布（图5），进行三维交底及二维出图。

图5 Revit排砖

步骤三：在BIM5D软件中将生成的三维排布图一键导出为CAD格式。在CAD软件中进行尺寸标注、图形填充、工程量整合，进一步优化图纸，使排砖图效果达到现场应用要求。

步骤四：生成三维排砖图二维码，发给施工人员。施工人员可使用手机微信直接扫描二维码，查看三维立体排砖模型（图6、图7），并将二维图纸、砌体用量、三维模型图纸、二维码打印张贴在需要砌筑的墙体处。

图6 网页端模型

图7 移动端模型查看

步骤五：选择区域进行试点，召开技术交底会，向工人、工长进行技术交底，统一思想。依据每栋单体的砌体工程量进行限额领料，要求工人在规定的区域内进行卸料，实行定点、定量投料。在试点区域施工过程中，现场调派一名BIM技术员监督工人砌筑（图8），并实时反馈现场信息，对不合理之处及时调整，在试点过程中不断优化图纸和方案。

图8 监督砌体施工

步骤六：利用二维码提高信息传递效率。将墙体所含的材料信息、时间信息，甚至责任人信息都录入到二维码，使验收变得更高效、更简便。

6. 经验总结

（1）软件参数化自动排砖功能并不完善，无法达到人工排砖的灵活度，针对较复杂的填充墙，需要导出CAD二维图纸后进行相关优化。

（2）在整个砌筑过程中，利用排砖图将责任人落实到个人，形成审核→砌筑→检查的质量管理过程。

四十、BIM 在楼层净高分析中的应用

1. 项目概况

江夏区中医医院整体迁建项目为 BT 项目,位于武汉市江夏区滨江大道与城南大道交会处。涉及 BIM 结构、建筑、机电等专业,建筑面积 $87987m^2$,整体为框架结构,由 1 栋 17 层住院楼、1 栋 5 层门诊楼、2 栋门房和 2 层地下室组成(图 1)。

图 1　项目效果图

2. 应用目标

通过建模后对地下室楼层进行净高分析,优化结构和机电布置,避免了施工后返工的情况。

3. 参与部门

见表 1。

参与部门　　　　　　　　　表 1

序号	部门名称	协作内容
1	设计院	图纸修改
2	工程部	结构及机电施工

4. 应用软件

见表 2。

软件清单　　　　　　　　　表 2

序号	软件名称	版本号	软件用途
1	Revit	2018	结构建模
2	Magicad	2018	机电建模

5. 实施流程

实施流程如图 2 所示。

图 2　流程图

步骤一:Revit 土建建模。用 Revit 对梁、柱、板等进行建模(图 3),要求建模尺寸无误、定位准确,同时按照项目建模标准进行族文件命名(图 4),以利于后续的模型利用。建模中,梁、板、柱三者的扣减关系也需要提前被明确,以利于后期的工程量统计。

图 3　地下一层结构建模

图 4　框板梁命名

步骤二:Magicad 机电建模。Magicad 是专业的机电 BIM 软件,根据应用平台的不同,可以分为 Magicad for Revit 和 Magicad for CAD 等,它具有强大的机电建模和分析功能。用 Magicad 对风管、自动喷淋、给水排水、电缆桥架等进行建模(图 5),建模时按照项目的建模标准进行族文件命名(图 6)。在机电建模时,遇到不同管线的交叉,需要按照"小管让大管、

支管让主管、有压管让无压管、常温管让高/低温管、常规管让风管"的原则进行避让和排布（图7）。

图5　地下一层机电建模

图6　喷淋管道命名

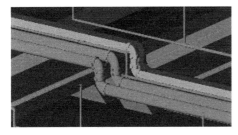

图7　管线避让

步骤三：根据不同的功能分区，进行净高分析。首先，根据设计文件和规范的要求，确定好停车位、走廊、坡道等的最低净高。然后，分别建立相关的楼层剖面（图8），检查对应区域是否有构件被剖切，如有，则说明该构件不满足最低净高的要求。

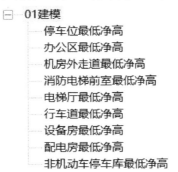

图8　最低净高楼层剖面

步骤四：汇总整理上一步的分析结果，并将其反馈给设计院。

步骤五：设计院对不符合净高的构件进行调整，重新出图后，按照最新图纸，调整相关构件，绘制净高分析图。

6. 经验总结

除 Magicad 外，Revit 自带的 MEP 面板也可进行机电建模，且画法类似。

土建和机电建模最好分开进行，以免单个文件过大，影响操作。

四十一、空间复核

1. 项目概况

本项目为 PPP 项目，机电专业的管线、设备较多，同时包含医院特有的物流轨道，其设备在吊顶内占据较大空间，对管线的施工定位、安装及检修空间要求较为严格（图 1）。

图 1　项目效果图

2. 应用目标

通过 BIM 对管线进行施工定位，分析、复核吊顶内空间，便于施工组织，减少返工和拆改，同时准确地为管线布置、劳务作业、运维检修留出足够的空间。

3. 参与部门

见表 1。

参与部门　　　　　表 1

序号	部门名称	协作内容
1	设计部	建模复核
2	工程部	施工指导

4. 应用软件

见表 2。

软件清单　　　　　表 2

序号	软件名称	版本号	软件用途
1	Revit	2016	模型绘制
2	CAD	2016	施工图绘制
3	BIM 看图	2017	终端指导

5. 实施流程

实施流程如图 2 所示。

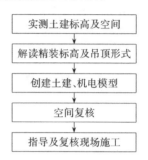

```
实测土建标高及空间
        ↓
解读精装标高及吊顶形式
        ↓
创建土建、机电模型
        ↓
空间复核
        ↓
指导及复核现场施工
```

图 2　流程图

步骤一：对关键梁高及走道宽度进行现场实测，保证土建图纸的准确性（图 3）。

步骤二：解读精装修图纸，复核精装修标高及吊顶形式。

步骤三：基于步骤一和步骤二的数据，通过 Revit 创建土建及机电模型（图 4），对机电模型进行管线综合。

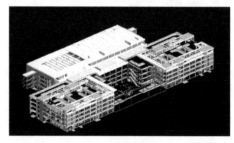

图 3　土建模型

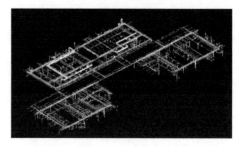

图 4　机电模型

步骤四：复核吊顶内管线空间，复核

内容为：

（1）整体管线与天（梁顶及顶板）、地（吊顶）、墙的距离，留足作业及检修空间。

（2）注意预留不同专业管线的空间，如：上层管线要为下层管道上开的支管留出空间；预留出后期抗振支架的安装空间。

（3）注意预留本专业管线的空间，如：水管之间的保温及阀门安装空间。

注意以下几点：

（1）对吊顶内管线进行综合优化，一定要满足吊顶标高（图5）。

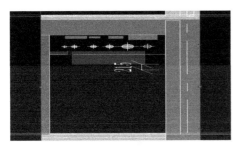

图5　满足吊顶标高

（2）考虑施工工序，为施工留出作业空间，如：下层管线左右位置要留出足够的人员操作空间，满足后期对桥架内电缆

的敷设，上层管线要为下层管线留出支吊架安装空间。

（3）在设备及阀门处留出运维空间（图6）。

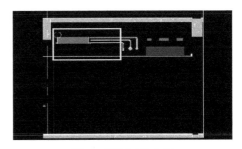

图6　预留运维空间

步骤五：导出 CAD 图纸，指导现场施工，使用移动终端复核现场空间的预留情况。

6. 经验总结

（1）受软件局限性的影响，不能忽略支吊架及管道保温，须充分考虑其占用的空间。

（2）召开与其他专业协调会及定期会议是极为必要的，及时获取设备及管线安装形式。

四十二、BIM 在支模架方案编制中的应用

1. 项目概况

保利嘉福·领秀山项目位于江西省赣州市赣县区赣南大道与贡江大道（南）交叉路口的西南侧（图1）。

图1　项目效果图

2. 应用目标

根据 BIM 软件形成的三维模型，在三维模型的基础上自动生成支模架模型，对支模架模型进行安全验算，出具计算书及节点大样图，完成专家论证的专项方案。

3. 参与部门

见表1。

参与部门　　　　　　表1

序号	部门名称	协作内容
1	技术部	方案模型制作
2	工程部	现场施工
3	物资部	进场材料统计
4	商务部	工程量核对

4. 应用软件

见表2。

软件清单　　　　　　表2

序号	软件名称	版本号	软件用途
1	Revit	2016	模型建立
2	品茗	2018	支模架模型生成、验算

5. 实施流程

实施流程如图2所示。

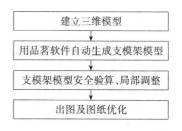

图2　流程图

步骤一：通过品茗或者 Revit 软件对结构进行建模或翻模，翻模完成后对模型进行调整，对节点大样进行单独绘制（图3）。

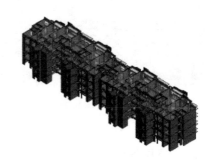

图3　结构模型

步骤二：利用步骤一绘制的三维模型，用品茗软件对它自动生成支模架模型，对高支模、降板、楼梯等特殊部位单独绘制（图4~图7）。

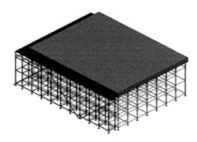

图4　柱帽模型（一）

步骤三：支模架模型安全验算及局部调整。对不满足安全验算的部位，对不符合规范要求的区域进行调整，直到满足验算及规范要求（图8）。

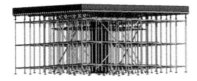

图 5　柱帽模型（二）

图 6　梁高支模模型

图 7　板高支模模型

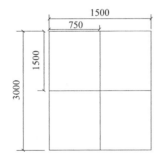

图 8　品茗自动生成模板（mm）

步骤四：基于前期生成的满足验算要求的支模架模型，导出二维立杆平面图、木枋布置图及模板布置图，导出材料使用明细表。对导出的图纸及材料使用明细表进行优化，尽可能地减少材料的损耗及积压。

图 8 和图 9 为调整后的模板裁剪示意图，图 8 需要裁剪 4 张新模板，图 9 只需要裁剪 3 张新模板。图 9 只是在整块模板的基础上裁剪了一小段，裁剪的部分角料仍被用于支模板，后期则被用于加工踢脚板，大料则可以被调拨至其他区域使用。优化后重新形成新的模型，出具合适的施工图纸、材料用量明细表，最终完成方案编制。

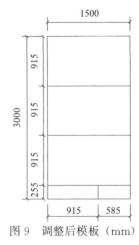

图 9　调整后模板（mm）

6. 经验总结

（1）运用 BIM 技术对支模架及模板进行优化，减少材料用量及安全风险。

（2）现场施工支模架搭设时，应进行放线，严格按方案实施。

（3）对模板裁剪进行优化，绘制每一块模板所在位置的尺寸大小。

四十三、办公楼项目综合支吊架设计

1. 项目概况

北京京东集团总部二期 2 号楼建筑，共 A、B 两栋及其地下室，总建筑面积 32.3 万m^2。业主在空间管理、质量进度控制、BIM 等方面有一定的要求，要求机电安装全生命周期采用 BIM 技术（图 1）。

图 1 项目效果图

2. 应用目标

对机电管线支架进行综合设计，提高了工作效率，缩短了工期，节约了成本。

3. 参与部门

见表 1。

参与部门 表 1

序号	部门名称	协作内容
1	物资部	材料选型
2	工程部	测量施工

4. 应用软件

见表 2。

软件清单 表 2

序号	软件名称	版本号	软件用途
1	Rebro	2019	支吊架绘制
2	Bending	柏诚	支吊架计算
3	PowerBIM	—	支吊架计算

5. 实施流程

实施流程如图 2 所示。

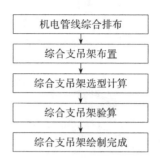

图 2 流程图

步骤一：在考虑运用综合支吊架排布的基础上，对机电管线按照综合排布原则进行初步综合排布，预留支吊架安装空间，预留相应的检修空间，注意管底标高在考虑保温及木托的情况下，要在综合排布过程中被全部调平，以便进行综合支吊架设置（图 3）。

图 3 管线综合排布剖面图

步骤二：利用 BIM 软件，首先进行大致的支吊架综合排布。排布要简单、美观，并且符合现场施工要求，符合现场检修空间的要求（图 4）。

图 4 综合支吊架综合排布思路

步骤三：基于步骤二的综合支吊架排布思路，利用 Bending0710（支吊架承重负荷计算）或者 PowerBIM _ Installer0325

软件，进行综合支吊架选型计算，根据排布及侧视图将软件显示的蓝色部分填入相应的数据。选取支架时，先根据经验值选取支架型号，当左上角有红色字体提示达不到标准时，再选取大一号的支架，直至无提示为止，如要选取双拼支架，将 1 改为 2 即可。

步骤四：进行手算，并用软件验算计算结果是否准确，主要验算：①管架梁内力分析；②管架梁选型：管架梁抗弯强度计算、管架梁抗剪强度校验，对横担进行选型；③管架柱抗拉强度校验，对吊杆进行选型；④最后针对膨胀螺栓选型。

步骤五：将支吊架的计算及选取结果用 BIM 软件绘制，完成综合支吊架设计。

6. 经验总结

（1）两款计算支吊架软件的计算结果相同。

（2）将管线按照计算结果设置即可完成设计。

四十四、学校项目综合支吊架设计

1. 项目概况

深圳技术大学（一期）总建筑面积约 95 万 m^2，本标段建筑面积 179500m^2。工程总承包涵盖地基基础、主体结构、钢结构、建筑、机电、幕墙、部分市政及 BIM 工程等，其中 BIM 工程包含承包范围内的专业分包及指定专业承包商的所有 BIM 工作（图 1）。

图 1　项目效果图

2. 应用目标

希望通过 BIM 技术对综合支架的优化设计，达到节约材料、增加支架承重能力、布置紧凑且美观、提高空间净高的目的。尽量为深圳技术大学（一期）本标段工程的建设节省工期，产生一定的社会效益。

3. 参与部门

见表 1。

参与部门　　　　　表 1

序号	部门名称	协作内容
1	BIM 部门	机电管线综合深化
2	置华厂家	综合支架设计
3	机电部门	现场管理协调

4. 应用软件

见表 2。

软件清单　　　　　表 2

序号	软件名称	版本号	软件用途
1	Revit	2016	管线综合深化
2	结构力学求解器	工程版	受力计算
3	CAD	2016	施工交底

5. 实施流程

实施流程如图 2 所示。

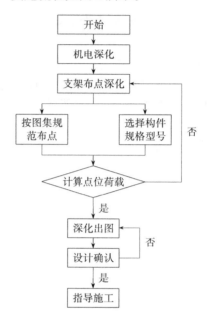

图 2　流程图

步骤一：机电深化。因机电安装工程系统较多，内容复杂，前期通过 BIM 技术搭建各专业模型，根据以下原则进行管线综合深化：①实现功能原则。②满足规范原则。③施工方便原则。④维修方便原则。⑤节约成本原则。⑥消除隐患原则。⑦布局美观原则。通过机电深化了解管道的具体排布情况（图 3、图 4）。

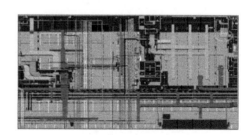

图 3　实现功能原则

步骤二：支架布点深化。通过机电深化对管道布置的了解，参照图集规范选择

图 4　布局美观原则

支吊架布点位置和适当构件规格及型号（图 5），对支吊架点位的设置进行分析，分别计算各专业单位内管线、风管、桥架的重量（图 6、图 7）。

规格 名称		管道规格		
		100mm<*DN*<250mm		
		2 条	3 条	4 条
底座	侧装	H×2	I×2	I×2
	顶装	E 型	F 型	F 型
立柱		CS 41	CSC 41	CSC 41
横担		CS 62	CSC 82	CSC 124
连接件		B 型	C 型	C 型
槽钢		⌈8	⌈10	⌈10
通丝杆		Φ10	Φ12	Φ14
膨胀栓		M10×80	M12×100	

图 5　构件规格型号表

公称直径(mm)	外径(mm)	壁厚(mm)	管重(kg)
100	××	××	××
32	××	××	××
50	××	××	××

图 6　管道单位长度满水重量计算表

电缆截面积	电缆直径(mm)	根数
2.5mm²	××	××
4mm²	××	××
6mm²	××	××

图 7　桥架大小计算表（局部）

步骤三：计算点位荷载。经过初步选择综合支吊架点位后，需要计算该点位综合支吊架及抗振支吊架安装位置是否可以保证管道系统的整体有效性，以及计算结构受力是否满足力学要求（图 8、图 9）。若支吊架的最大挠度满足力学要求，方可进行下一步出图工作。

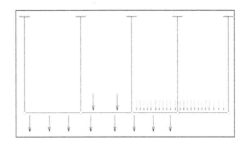

图 8　力学计算简图

图 9　最大挠度计算

步骤四：深化出图。利用 BIM 技术的可视化和可出图性，充分展示管线综合及支吊架的图纸及信息内容，如平面图、剖面图、大样图、明细表以及效果图（图 10～图 13），方便工人熟悉支吊架构造及空间几何关系。

步骤五：指导施工。在支吊架深化出图后，先向建设单位、设计单位、监理单位报审施工技术方案等文件，待文件通过后，方可对工人进行施工交底（图 14），做好施工准备。确保相应的电动工具、安全防护用品、脚手架等工具准备齐全、完好，可随时使用（图 15）。检查相关要使用的配件材料是否完好、齐全（图 16）。

图 10　BIM 效果图（一）

图 11　BIM 效果图（二）

图 12　BIM 效果图（三）

图 13　BIM 效果图（四）

按图找准点位，测量相关尺寸放线，按照测量尺寸将槽钢、螺栓杆等相关部件预支在点位上。在安装构件前，检查预支点位是否正确、是否牢固，尺寸是否

正确。若无问题，方可进行下一步操作，且做好安全防护措施。支吊架安装完成后，检查支吊架的安装是否符合要求，对不符合要求的支吊架进行调整，使之达到标准要求。

图 14　施工交底

图 15　测量放线

图 16　检查复核

6. 经验总结

（1）采用综合支吊架，须将综合支吊架连接片的高度计入净高分析（管径越大，综合支吊架横担越大），提前考虑，避免后期大面积整改。

（2）综上所述，综合支吊架系统在后期维护、管线拆改等方面有着独特的优势，同时也带来良好的社会效益。

四十五、BIM 技术在机电安装中的应用

1. 项目概况

长春远大购物广场总建筑面积 45 万 m²，购物广场由现代超大型综合购物中心、精品住宅、全能 SOHO 等复合型业态建筑组成，它集购物、餐饮、休闲、娱乐、居住、商务、社交、旅游、运动、泊车等功能为一体（图 1）。

图 1　项目效果图

2. 应用目标

为了解决机电安装工程难点，本项目采用了 BIM 技术，根据 2D 图纸通过 BIM 技术建立可视化的三维模型，当各专业模型搭建完成后，出具碰撞报告、净高分析、工程量统计等供设计人员、施工人员等参考，并且根据管线综合模型进行深化设计出具管线综合图、预埋图、支架图、剖面图然后把所有成果轻量化上传至广联达平台。在施工过程中，各方通过移动端可以随时在广联达平台进行模型浏览、沟通、分享等，通过这一手段，有效地解决了机电安装施工难的问题。

3. 参与部门

见表 1。

参与部门　　表 1

序号	部门名称	协作内容
1	工程部	土建施工
2	工程部	电气施工
3	工程部	暖通施工

续表

序号	部门名称	协作内容
4	工程部	给水排水施工
5	商务部	工程量统计
6	设计	方案、图纸优化

4. 应用软件

见表 2。

软件清单　　表 2

序号	软件名称	版本号	软件用途
1	Revit	2016	搭建模型 工程量出图
2	Naviswork	2018	碰撞检查
3	Fuzor	2018	漫游动画

5. 实施流程

根据国家标准、地方标准，并且结合项目自身特点制作了《长春远大购物广场 BIM 实施方案》（图 2）。

图 2　BIM 实施标准和实施方案

步骤一：准备阶段。BIM 工程师整合各个专业图纸，查看图纸是否完整，在图纸整理后，将图纸发给各专业的 BIM 工程师进行识图、审图。

步骤二：模型搭建。根据施工图纸进行地下室连廊区域综合管线、设备等模型搭建（图 3）。

步骤三：图纸问题报告。在机电模型搭建过程中，记录图纸错、漏、碰、缺等问题，并统一格式，发给总承包方和设计方进行图纸优化，提早解决图纸问题，降

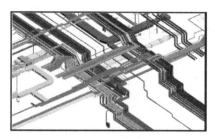

图 3　模型搭建

低施工返工率，加快项目进程。

步骤四：碰撞检查。把机电模型导入 Navisworks 进行碰撞检查。在施工前预发现各专业之间的碰撞，并出具包含碰撞点准确位置、碰撞数量的报告，为设计师管线排布优化方案提供支持。

步骤五：净高分析。将机电安装图纸按专业分类，并且令各分包单位分开施工，部分施工人员经验不够，很难有效地整合全专业机电图纸，进行管线净高优化。运用 BIM 技术搭建机电管线综合三维模型，可以直观地看到全专业的管线排布，并且进行净高分析，并形成净高分析报告。提前发现不满足净高要求、功能和美观需求的部位，并和设计方沟通，进行图纸调整，避免后期变更，缩短工期，节约成本。

步骤六：模型深化。根据图纸报告、碰撞报告、净高分析、设计院优化方案、机电安装施工标准等，对模型进行管线综合深化设计，并且对重点部位，如：连廊、井道、水泵房、机房、设备房等区域进行方案对比，使方案达到最优化。在模型深化过程中做到管线排布整齐、美观，管线净高、排布标准、设备功能满足设计要求（图 4）。

步骤七：模型算量。根据优化后的机电模型进行管线、构件、设备、材料等数量统计，形成明细表供造价、商务、施工部门参考，为项目成本控制保驾护航。

步骤八：模型出图。根据管线综合优化后的模型进行各专业的出图，如管线综合排布图、支吊架图、预留孔洞图、管线

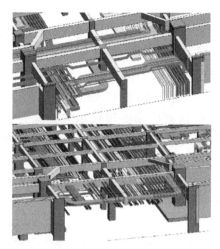

图 4　连廊综合管线优化前后对比

排布剖面图，在图纸中已经剔除了施工中能遇到的所有问题，加快了施工进度，减少了返工、窝工、材料浪费，对施工过程的指导具有重要意义。

步骤九：可视化交底。通过 BIM 技术优化后，针对管道及设备布置复杂点，采用模型或视频进行交底，指导现场施工（图 5）。

首先，采用三维模型的可视化功能，能够直观地把模型和实际的工程相比较，发现施工中存在和面临的问题，可及时采取整改或者规避。

图 5　可视化技术交底学习

其次，在可视化技术交底时，把施工中重（难）点进行三维可视化的施工工序模拟，让每一位参建人员在施工时统一施

工标准，统一施工工序，加快施工进程。

6. 经验总结

（1）对于 BIM 技术的使用，需要由业主、设计、施工等各方高度配合和推动，这样才能最大化发挥 BIM 优势。

（2）BIM 以及数据可以给运营、维护管理带来最有价值的数据，所以，运营维护模型的工作应该引起各方的重视。

第六节　预制加工

四十六、BIM 技术在装配式机房预制加工中的应用

1. 项目概况

长沙轨道 4 号线从罐子岭站到杜花坪站，线路长 33.5km，共设 25 座车站，均为地下车站，其中换乘站 13 座。机电 4 标段承担碧沙湖站、黄土岭站、砂子塘站、赤岗岭站及相邻半区间 4 个车站的机电安装和设备区装修工程。

2. 应用目标

以 BIM 技术为基础，在工厂进行模块化制作，待具备施工条件后，将模块化产品运输至现场进行装配。

3. 参与部门

见表 1。

	参与部门	表 1
序号	部门名称	协作内容
1	项目部	测量放样
2	装配式机电工厂	建模及制作装配式构件

4. 应用软件

见表 2。

	软件清单		表 2
序号	软件名称	版本号	软件用途
1	Revit	2016	BIM 建模
2	AutoCAD	2016	出图

5. 实施流程

实施流程如图 1 所示。

图 1　流程图

步骤一：对机房实地测量，记录现场实际的建筑结构数据，根据测量的数据进行建模（图 2）。

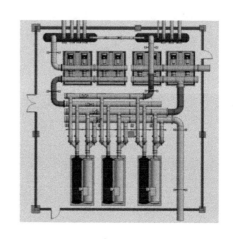

图 2　机房建模图

步骤二：利用 BIM 技术进行建模，然后再分解模块构件，出图（图 3），制作下料表。

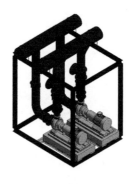

图 3　双泵模块构件

步骤三：基于步骤二生成的加工图和下料表，在装配式工厂进行单个构件生产。

通过 BIM 形成的数字化图纸,结合管道数控切割机,实现数据快速转化,完成相应管段及贯口、坡口的自动化下料切割(图4)。然后通过物流输送平台转运,与配件进行快速组对,经过偏差复测后用电焊固定,再输送至焊接中心,进行焊接组装,最终做成一个模块(图5、图6)。

图 4 构件加工

图 5 快速组对

图 6 自动焊接

一部分构件会被组成标准模块构件,标准模块构件的压力表、传感器、阀部件等的位置和朝向应统一,标准固化。对于复杂且信息不全的项目,可以在适当位置预留调节短管,提高一次装配率,见图7。

步骤四:模块包装运输(图8)。基于步骤三完成以后,对检验完成的模块进行包装防护,将配套相关资质检测报告随车

图 7 模块及预留调节短管预制

运输,待模块包装完成后运输至项目现场进行装配。

图 8 模块包装运输

步骤五:现场装配(图9)。装配要点:①装配前根据项目实施情况制定装配方案。②由装配厂专业人员进行集中装配。③使用专业设备实施机械化装配。④通过扫描构件上的二维码,识别各类构件在模型中的相应位置,按三维模型图吊装构件。⑤对装配过程进行全程监控,动态调整。

图 9 现场装配

装配完成以后,最终进行交付验收。

6. 经验总结

(1)BIM 建模的精度要求非常高。

(2)模块化分组要考虑吊装孔大小及运输通道宽度。

四十七、BIM 技术在预制构件加工与安装方面的应用

1. 项目概况

美的时代城项目位于沈阳市铁西开发区开发大道 2 甲。项目由 7 栋高层、1 栋地下室及 3 栋公共建筑组成。项目预制部分为预制剪力墙、叠合板及预制楼梯。采用 BIM 技术对项目装配式构件信息、吊装演示等方面进行了具体应用（图 1）。

图 1　项目效果图

2. 应用目标

利用 BIM 建立三维可视化模型，除完成碰撞检查、系统整合等基本应用外，还要完成预制构件信息统计、运输跟踪、吊装演示等。

3. 参与部门

见表 1。

参与部门　　　　　　表 1

序号	部门名称	协作内容
1	机电部	机电模型创建与调整
2	预制构件加工厂家	按模型构件加工

4. 应用软件

见表 2。

软件清单　　　　　　表 2

序号	软件名称	版本号	软件用途
1	Revit	2018	模型建立
2	Twinmotion	2018	动画演示

5. 实施流程

实施流程如图 2 所示。

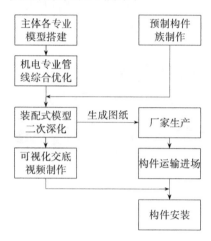

图 2　流程图

步骤一：模型搭建。利用 Revit 软件搭建各专业三维模型，在建模过程中，一定要对图纸进行校核（图 3）。

图 3　初步模型图

步骤二：碰撞检查及设计优化。利用建立的建筑、结构、水暖电等模型，进行各专业间的碰撞检查、调整。根据管线布置的原则及施工条件，进行设计优化，在进行管线综合之后，对墙体、楼板模型进行洞口预留（图 4）。

图 4　预制叠合板、预制剪力墙深化模型

步骤三：预制构件模型二次深化设计。针对本项目装配式部分，首先选择代表性楼层进行二次模型深化处理，按装配式图纸及机电预留、预埋情况，利用 Revit 第三方插件，进行剪力墙、预制楼梯、叠合板等构件拆分建模。创建共享参数文件，便于参数统计，仔细输入单个构件安装信息（位置、安装时间等）。除主体模型之外，还须建立支撑杆件、预埋件、吊钩等模型，用于后续施工模拟使用。

步骤四：预制构件模型信息处理及工厂加工。利用深化模型生成相应图纸，标注构件基本尺寸、预留尺寸、预埋尺寸和位置等。将三维模型与图纸交付预制构件加工厂家进行生产加工。

利用明细表功能统计构件信息，将每个构件信息单独整理。可将构件信息生成二维码、打印，并将统计信息生成的二维码及时贴于预制构件上，避免预制构件的生产、运输及安装发生混乱。

步骤五：预制构件技术交底。在模型深化后、预制构件安装前，进行施工模拟演示视频的制作，并进行技术交底。展示预制构件入场后摆放方式（图 5）、施工样板间（图 6），使施工重点、难点部位可视化，提前预见问题，确保工程质量。

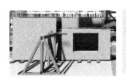

图 5　预制构件堆场　　图 6　施工样板间
　　　　示意　　　　　　　　　展示图

步骤六：预制构件进场及安装。预制构件进场后，扫描二维码信息获得构件位置等安装信息，合理堆放，避免安装过程出现二次倒运。安装时可利用 IPAD 移动端进行现场模型对比，出现问题及时纠偏。

6. 经验总结

（1）利用模型生成构件信息，贴于实体构件上，并标明方向。

（2）预制构件模型深化前要与生产厂家进行技术交流，充分考虑运输设备、生产设备、吊装设备的可操作性，合理分配墙板尺寸、模数。

四十八、基于 BIM 的装配式构件物联网追踪系统开发及应用

1. 项目概况

湘潭经济开发区高端汽车零部件产业园项目为 PPP 项目，涉及 BIM 专业为结构、建筑、工艺拆分。主体结构采用装配式技术进行建造，装配率 54%，涉及的装配式构件类型有预制柱、叠合梁、叠合板、预制楼梯等，总构件数量超过 2000 件。在装配过程中，构件的发货、吊装、运输、质量、安全管理等工作面临巨大挑战（图 1）。

图 1　项目效果图

2. 应用目标

利用 BIM 软件进行装配式构件自动拆分，利用拆分后的 BIM 装配式构件工艺模型，生成构件 BIM 数据库，在 BIM 数据库的基础上通过物联网技术对构件的生产、运输、安装等各环节进行有效的管理。

3. 参与部门

参与部门　　　　　表 1

序号	部门名称	协作内容
1	设计部	工艺拆分
2	PC 部	构件生产
3	项目部	构件运输安装

4. 应用软件

软件清单　　　　　表 2

序号	软件名称	版本号	软件用途
1	Revit	2018	模型建立
2	物联网追踪系统	V1.0	物联网计算
3	BIM 自动拆图	V1.0	工艺图拆分

5. 实施流程

实施流程如图 2 所示。

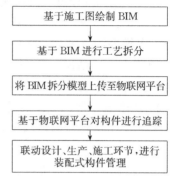

图 2　流程图

步骤一：对建筑进行 BIM 绘制。通过 Revit 软件进行 BIM 建模，利用 Revit2016 软件进行项目整体结构模型建立。利用 Revit 软件导入 CAD 图纸进行结构建模，形成项目整体结构模型（图 3）。

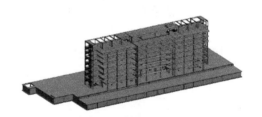

图 3　项目整体结构模型

利用 Revit 更容易在基于现有的 CAD 图纸上建模。基于 Revit 族的插件十分丰富，更容易在短时间内完成项目整体建模工作。

步骤二：利用步骤一建立的 BIM 自动拆分工艺设计模型，开发"基于 Revit 的装配式构件自动拆分软件"，对步骤一建立的 BIM 进行工艺拆分。经自动拆分，生成叠合板、叠合梁、预制墙的工艺。

步骤三：将步骤二生成的装配式构件

拆分模型，上传至物联网装配式构件追踪平台中。基于上述模型生成装配式构件物联网追踪数据库，用计算机、手机 APP 等终端，对装配式构件的生产、运输、安装等过程进行物联网追踪。

其中，通过互联网模型，可以从多角度观察项目构件的整体生产情况，有利于施工进行堆场规划和项目构件进场部署。通过构件数据状态统计功能，计算项目构件生产安装进度，有利于合理安排工厂生产进度，并在安装过程中，能实时反映构件质量及进度情况。

步骤四：基于步骤三生成的装配式构件数据库，生成物联网追踪模型，通过堆场编号可以对构件堆场进行有效的管理。通过构件查询功能，可以对进场构件进行实时查询，并通过资料上传功能实时反馈构件生产、安装资料及现场验收等操作。

6. 经验总结

（1）装配式项目由于构件多、种类多、构件流转周期长，必须采用物联网追踪系统对构件生产、制造、安装等环节进行统一管理。

（2）对于物联网追踪系统的开发，需要规范其接口，统一部署，方便系统的二次开发及后期扩展。

第七节 建模渲染

四十九、Dynamo 桥梁快速建模的应用

1. 项目概况

泉州台商投资区海湾大道（海江大道16号码头）项目，地处泉州台商投资区，局部地势起伏较大，项目内包含百纬五路立交桥、滨湖南路慢行桥、白鹤湾高架桥、白奇大桥等桥梁（图1），涉及 BIM 专业为桥梁工程。

图1 项目效果图

2. 应用目标

本项目依据 Dynamo 快速建立参数化桥梁模型，加快项目前期图纸会审进度，有利于图纸变化后快速生成新模型，并可快速、精确地计算工程量，提高图纸会审和预算工作效率。参数化模型和 Dynamo 程序可被使用到同类桥梁 BIM 应用中。

3. 参与部门

见表1。

参与部门　　　　　表 1

序号	部门名称	协作内容
1	测量部	坐标及标高复核

4. 应用软件

见表2。

软件清单　　　　　表 2

序号	软件名称	版本号	软件用途
1	Revit	2017	模型建立
2	Dynamo	2.0.2	可视化编程

5. 实施流程

实施流程如图2所示。

```
建立桥梁下部结构族
    ↓
进行 Dynamo 编程
    ↓
生成桥梁下部结构
    ↓
建立桥梁上部结构族
    ↓
生成桥梁上部结构
```

图 2 流程图

步骤一：将桥梁下部的桥台、桩基、承台、墩身用 Revit 绘制成族（图3、图4）。

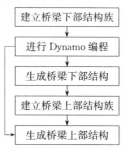

图 3 桥台、桩基、承台

图 4 墩身、承台、桩基

将上面绘制好的族进行参数化制作，

形成下部结构的参数化族（图5）。

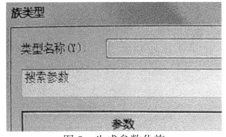

图5　生成参数化族

　　将桥梁中同类型的下部构造进行参数化，可做到简化工作量，达到快速建模的效果。

　　步骤二：利用步骤一生成的下部结构参数化族，通过可视化编程软件 Dynamo 进行节点包的编制，经由数据处理（图6）、生成桥梁中心线（图7）、放置桥墩（台）节点包（图8）、生成上部结构节点包（图9）、完成下部结构绘制的编程。

图6　数据处理

　　数据处理是将图纸中给定的桥梁结构信息，如：墩底标高、墩身高度、支座高度等，转化为可以通过 Dynamo 程序直接导入到 Revit 相应构件的处理方式。

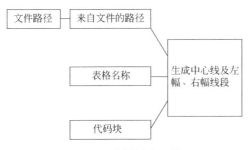

图7　生成桥梁中心线

　　步骤三：基于步骤二所编制的节点包，在 Revit 软件中快速生成桥梁下部桥墩（台）（图10）。

　　通过 Dynamo 编程进行桥梁下部结构绘制，

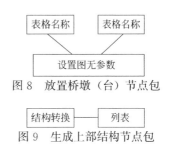

图8　放置桥墩（台）节点包

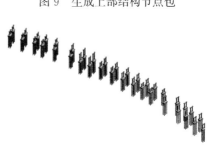

图9　生成上部结构节点包

图10　在 Revit 中放置桥墩

达到了快速、精确绘制的效果。图元的几何位置均按照设计图纸上的坐标及高程放置。

　　步骤四：根据桥梁上部结构现浇箱梁的几个截面形式绘制箱梁截面轮廓族（图11）、护栏族（图12）等。

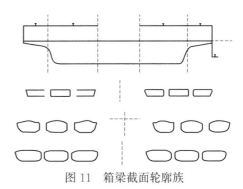

图11　箱梁截面轮廓族

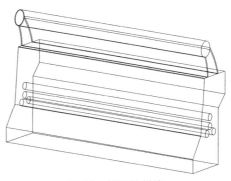

图12　桥面护栏族

121

护栏中包含了管线的预留孔洞。

步骤五：依据步骤四所绘制的箱梁截面轮廓等族，以及步骤二所编制的节点包，进行桥梁上部结构箱梁（图 13）、桥面铺装和护栏的绘制（图 14）。

图 14　绘制桥面铺装和护栏

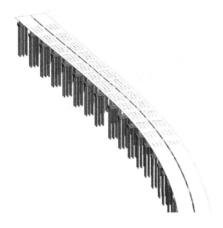

图 13　绘制桥梁上部箱梁

6. 经验总结

（1）参数化族库的建立和完善是加快信息模型建设的必经之路。

（2）使用 Dynamo 编程，可有效地解决桥梁模型中无法完全符合平曲线与纵曲线的问题。

（3）节点包可在公司内进行使用，对于同类工程的 BIM 应用提高了效率，减少了花费在建模上的大量时间。

五十、投标阶段 BIM 快速建模及渲染

1. 应用目标

本项目可根据 BIM5D、Revit 等软件相互配合，快速生成砌体排布图，统计砌体材料需用量。在项目整个砌体工程施工中，有利于控制砌体砌筑质量，降低材料损耗率，减少二次搬运，实现降本增效。

2. 参与部门

见表1。

参与部门　　　　　　　　表1

序号	部门名称	协作内容
1	技术部	建模渲染

3. 应用软件

见表2。

软件清单　　　　　　　　表2

序号	软件名称	版本号	软件用途
1	Revit	2018	模型建立
2	Auto CAD	2014	底图清理
3	Enscape		模型渲染
4	建模大师		快速建模

4. 实施流程

实施流程如图1所示。

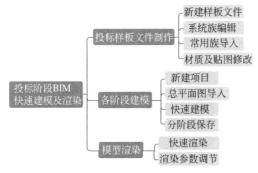

图1　流程图

步骤一：投标样板文件制作。

1）新建样板文件。

在 Revit 初始界面中选择项目→新建，在新弹出的窗口中勾选项目样板，点击确定。

2）系统族编辑。

通过对系统族，如墙进行编辑，从而预设好施工中常用的临边防护、围墙、外架、爬架等（图2）。

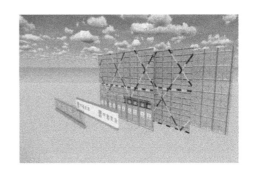

图2　系统族编辑后的渲染

3）常用族导入。

通过中建五局协同管理平台（免费）或族库大师（部分收费）等，将施工常用族，如安全体验馆、样板展示区、九牌一图、宣传展板、板房、材料堆场、加工棚、洗车槽、施工机具等导入样板文件（图3、图4）。

图3　协同平台中的族

图 4　导入族展示

4）材质及贴图修改。

以外架修改为例，打开材质浏览器，新建外架材质。在外观选项卡中对该材质的贴图、光泽度、透明度进行设置（图5）。

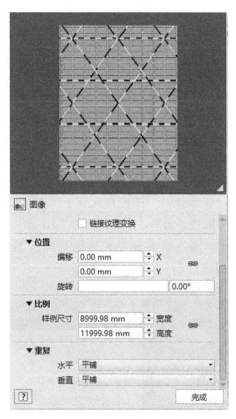

图 5　材质编辑

步骤二：各阶段建模。

1）新建项目。

打开"文件→选项"，在文件位置中新增一个项目样板文件，并以投标样板作为样板文件，新建项目。

2）总平面图导入。

在 CAD 中对总平面图进行清图，删除不需要的元素。在插入选项卡中使用链接 CAD，将 CAD 图纸导入至 Revit。

3）快速建模。

使用建模大师或橄榄树等第三方插件，对 CAD 图纸进行构件转换，快速生成主体模型。

4）分阶段保存。

对模型进行分阶段保存，有利于对模型各阶段修改、渲染，减小文件体积、避免模型卡顿。但需注意场地模型建模要一次到位，尽量避免后期修改（图6～图9）。

图 6　基坑开挖阶段　　图 7　地下室施工阶段

图 8　主体施工阶段　　图 9　工程竣工阶段

步骤三：模型渲染。

1）快速渲染。

使用 Enscape 插件对模型快速渲染（图10）。

2）渲染参数调节。

图 10　Enscape 渲染效果展示（一）

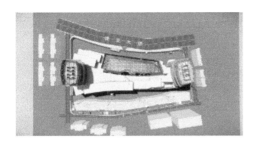

图 10　Enscape 渲染效果展示（二）

5. 经验总结

（1）CAD 图定位

在清图阶段，将 CAD 图指定基点复制，（Ctrl＋Shift＋C）并设置为原点（0，0，0）。

插入 CAD 图纸时，优先采用链接 CAD，不要采用导入 CAD 的方式，有利于后期对 CAD 图纸进行更新。链接时，应选择好定位方式，有利于对多个 CAD 图纸进行定位。

（2）外架形式

使用墙修改贴图、透明度，形成外架、爬架、临边防护，有效地规避了在建族时，大量构件的卡顿，模型效果基本能满足投标阶段对渲染的需求。

（3）堆场模型

堆场模型有构件多、被导入后卡顿的特点，建议采用链接模型的形式载入到项目中。在渲染阶段进行载入，在建模阶段卸载，能有效地避免建模时的卡顿。

（4）渲染天气

在 Enscape 软件中，通过鼠标右键＋Shift，可以调节渲染场景的时间。

五十一、BIM 技术在投标技术标方面的应用

1. 项目概况

新兴发展集团大明路项目，拟建工程由 2 栋酒店式公寓、2 栋办公楼（19F、24F）及其附属商业建筑组成，下设整体地下室 4 层，其中，高层建筑采用框架剪力墙、框架核心筒结构，商业建筑采用框架结构（图 1）。在项目投标过程中，采用 BIM 技术，全程配合技术标编制。

图 1　项目效果图

2. 应用目标

提高技术标书表现形式，在投标时间段内，实现 BIM 引入最大化，将投标演示用视频制作。

3. 参与部门

见表 1。

参与部门　　　　　　　　　表 1

序号	部门名称	协作内容
1	机电部	配合机电场地布置机房精细化建模

4. 应用软件

见表 2。

软件清单　　　　　　　　　表 2

序号	软件名称	版本号	软件用途
1	Revit	2018	便道规划
2	Fuzor	2018	模型快速渲染
3	3Ds Max	2014	动画制作

5. 实施流程

实施流程如图 2 所示。

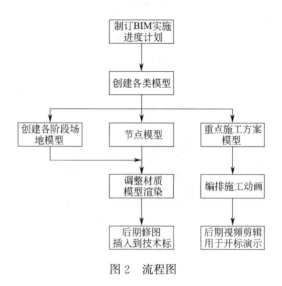

图 2　流程图

步骤一：结合项目开标日期、工程量、BIM 团队人数，由 BIM 负责人制订符合本项目投标的 BIM 应用进度计划。与技术标负责人沟通，对接其他投标人员明确需求，明确交底时间。最终明确施工场地布置模型展示、节点模型三维插图展示、投标 BIM 演示视频等内容。

步骤二：建模。由于投标时间短，本工程建筑面积 20 余万 m^2，若全部建模是不现实的，所以对建模内容及精度必须有选择，创建的模型须被合理划分工作集。

1）根据 BIM 实施计划，确定制作三阶段施工场地模型。模型精度达到 LOD300，显示材料加工区、施工道路布置、施工机械布置等，对办公区、生活区进行精细化建模，展现企业 CI 文化。

2）主楼地上模型，精度到达 LOD200 即可，能够体现建筑高度、占地尺寸、空间位置信息等。制作地下室模型，要求外轮廓线准确，针对消防水泵房深化位置，各专业模型达到 LOD300 以上（图 3）。

3）节点模型，根据技术标各章节方

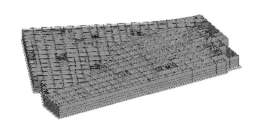

图 3　地下室模型

案进行制作。需要各章节标书编制人员提前与 BIM 小组沟通，便于安排时间，对建模精度不做要求，能体现节点展示需要即可（图 4）。

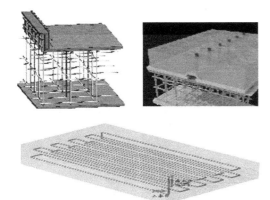

图 4　节点模型

4）针对投标演示视频，要介绍工程概况、施工重难点等内容。

步骤三：将技术标插图需要的模型调整材质，颜色搭配应符合企业标准。调整材质后，再进行渲染输出，输出的图片要利用 Photoshop 进行文字编辑、色彩校正，裁剪至合适尺寸，插入到方案中。对于总平面布置图，需要注意图片尺寸应为标准 A3 纸张大小。

视频演示需要的模型，调整材质，编排施工演示动画。对动画制作有问题的部分，或在动画演示过程对方案可进一步优化的部分，需重新调整模型或动画（图 5、图 6）。

图 5　三阶段场地布置动画

图 6　肥槽回填动画

6. 经验总结

（1）因投标时间有限，不要盲目追求模型精细化、参数化，应以结果为导向进行 BIM 应用。

（2）由于时间紧、体量大、模型精度不高，未能实现辅助投标算量。

（3）BIM 组长应由有一定投标经验的人员担任，BIM 组长应了解技术标流程，能够进行工期预判。

五十二、BIM——三维参数化脚手架

1. 项目概况

项目位于赣江新区核心商务区及儒乐湖总部经济大楼核心地带，金水大道与建业大街交汇处，毗邻港口大道，距离赣江约 800m。总投资 13.1 亿元，规划总用地面积 5 万 m^2，总建筑面积 18 万 m^2，总工期 28 个月，各个地块地下室连接地下公共环网（图 1）。

图 1　项目效果图

2. 应用目标

根据结构三维模型，生成参数化三维脚手架。在三维模型中根据项目的实际情况及规范要求，对脚手架进行预布置。检验脚手架搭设的合理性，提前发现并解决脚手架搭设过程中会遇到的问题，避免返工，同时，利用三维脚手架模型的可视化、空间化，形成三维技术交底，使交底更加直观、形象，指导性更强。

3. 参与部门

见表 1。

参与部门　　　　　表 1

序号	部门名称	协作内容
1	施工部	检验合理性
2	商务部	算量出量

4. 软件清单

见表 2。

软件清单　　　　　表 2

序号	软件名称	版本号	软件用途
1	Revit	2016	模型建立

5. 实施流程

步骤一：创建脚手架族。

1）创建大横杆、安全网、脚手板轮廓族。

2）创建起点支柱、终点支柱、中间立杆、转角处终点支柱族（图 2～图 4）。

注意：将扣件与横杆立杆成组，不然导入项目位置会发生改变。

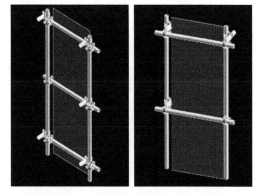

图 2　第一步及标准段起点、终点支柱

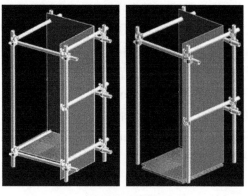

图 3　第一步及标准段转角处终点支柱

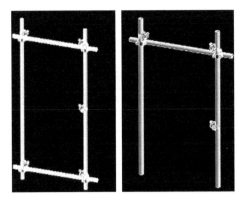

图 4 第一步及标准段中间立杆

3）创建参数化脚手架。

点击栏杆，进入栏杆位置编辑界面。注意，将底部偏移调为最小值，让其偏移有数字显示，这样在删除顶部栏杆时，不会出现模型缺失。

在栏杆类型属性界面的顶部栏杆必须被删除，否则，创建的弧形脚手架水平管会偏位。

步骤二：保存参数化栏杆族。

将脚手架各参数调节好后，要另存为族文件，方便后期被直接使用。

步骤三：出具 CAD 图。

步骤四：出渲染图。

前期将栏杆族制作的脚手架导入到 Fuzor、Twinmotion 等渲染软件，随后尝试导入到 Enscape，点击 Settings 对模型渲染参数进行修改，也可直接渲染出图。

剪刀撑、连墙件、横向斜撑都可用公共栏杆族绘制。横向、竖向的踢脚板可用墙绘制，然后修改材质即可。如需制作漫游视频，先导入到 Enscape 进行关键帧的制作，然后再渲染出视频。如需出具脚手架搭设的施工模拟动画，可使用 3DMAX 进行动画的制作。

6. 经验总结

（1）脚手架族可根据项目外立面实际情况被精确修改。

（2）能够快速出具各平（立）面排架图纸。

（3）通过模型比选，确定最优组合搭设方式，检验方案的合理性。

五十三、基于 Revit 软件的模型创建

1. 项目概况

长沙大王山冰雪世界项目位于湖南省长沙市西南部，北临清风南路与坪塘大道，东靠潇湘大道，南临桐溪路，西侧为广场一路。幕墙项目由冰雪乐园和入口综合楼两部分组成，幕墙面积为 31526.35m^2。主要幕墙类型：干挂铝板，框架玻璃幕墙，FC 板（7000m^2）（图 1）。

图 1 项目效果图

2. 应用目标

依据在 Rhino 软件中分析及分割好的幕墙表皮，与创建好的主钢结构模型，在 Revit 软件中进行幕墙其他构造的创建。目的是再一次进行幕墙构造缺陷的排查、材料用量提取、施工模拟。

3. 参与部门

见表 1。

参与部门　　　　　表 1

序号	部门名称	协作内容
1	测量部	测量放样
2	工程部	土方施工

4. 应用软件

见表 2。

软件清单　　　　　表 2

序号	软件名称	版本号	软件用途
1	Revit	2018	建模
2	Dynamo		放置面板
3	Navisworks		碰撞检查

5. 实施流程

步骤一：创建模型。项目创建了 $140\text{mm} \times 100\text{mm} \times 5\text{mm}$ 矩形钢梁族，$80\text{mm} \times 60\text{mm} \times 5\text{mm}$ 矩形钢梁族，遮阳骨架族，$100\text{mm} \times 100\text{mm} \times 5\text{mm}$ 方钢转接件族，附框连接件族，T 形变量连接件族，三角形面板与附框族，四边形面板与附框族（图 2～图 6）。

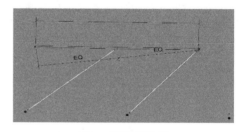

图 2 矩形钢梁族

图 3 遮阳骨架族

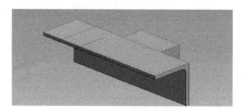

图 4 方钢转接件族

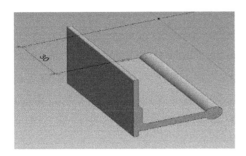

图 5　附框连接件族

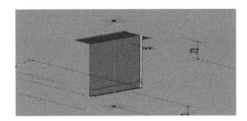

图 6　T 形变量连接件族

步骤二：放置面板。把从 Rhino 软件中导出的幕墙表皮文件导入到 Revit 软件中，用 Dynamo 插件把以上做好的族，依次放置在幕墙表皮上（图 7、图 8）。

图 7　从 Rhino 软件导出的幕墙表皮

图 8　局部内视模型

步骤三：碰撞检查。通过查看模型，发现屋盖部分的 T 形变量连接件，偏移到 140mm×100mm×5mm 矩形钢梁的位置，且 T 形变量连接件与钢梁及铝板附框连接件发生了碰撞（图 9）。

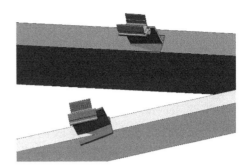

图 9　连接件与钢梁之间发生碰撞

在 Navisworks 软件中进行碰撞检查，发现 T 形变量连接件与 140mm×100mm×5mm 矩形钢梁碰撞点有 1144 个。

由模型的碰撞检查结果，进一步优化幕墙方案，将 140mm×100mm×5mm 矩形钢梁优化为 80mm×60mm×5mm（图 10）。

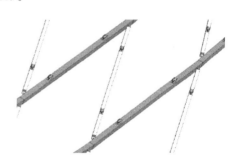

图 10　优化后的屋盖骨架模型

步骤四：材料尺寸提取。

步骤五：幕墙面板编号及尺寸显示。

步骤六：施工模拟。根据施工组织进度计划安排，进行施工模拟（图 11）。

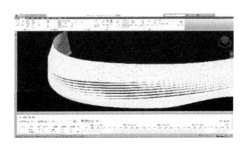

图 11　施工模拟

6. 经验总结

（1）依据 Rhino 转出的格式文件为依据，在 Revit 软件中使用 Dynamo 插件进行幕墙构件的放置及面板编号等，快速高效。

（2）将 Revit 软件中提取的幕墙材料尺寸与在 Rhino 软件中提取的幕墙材料尺寸进行对比，使材料下单更加准确。

（3）在 Navisworks 软件中，进行碰撞检查，再次优化幕墙方案。进行施工前的可视化施工模拟，使建造顺序清晰、工程量明确，使设备材料进场、劳动力分配等各项工作的安排变得最为有效、经济。

五十四、Revit Server＋翻模插件＋广联达的联动应用

1. 项目概况

华润置地·万象城二期是一个集办公、住宅、商业于一体的城市综合体项目，位于成都市成华区，总建筑面积约 30 万 m^2。由地下室 3 层，地上部分 1 栋住宅塔楼、1 栋办公塔楼以及 2 栋商业裙楼组成（图 1）。

图 1　项目效果图

2. 应用目标

项目总建筑面积大，结构复杂，建模工作量大。通过该方法可实现自动翻模、多人同时作业、Revit 及广联达模型共享，从而快速建立项目 BIM 及广联达模型，避免重复作业，大大提升建模效率。

3. 参与部门

见表 1。

	参与部门	表 1
序号	部门名称	协作内容
1	技术部	翻模、调整
2	商务部	二次调整

4. 应用软件

见表 2。

	软件清单		表 2
序号	软件名称	版本号	软件用途
1	Revit	2019	建模
2	橄榄山翻模	—	翻粗模
3	Revit Server	2019	初次调整协同作业
4	GFC 插件	—	导出 gfc 文件
5	广联达 BIM	—	二次调整

5. 实施流程

步骤一：使用橄榄山插件进行快速翻模，将 CAD 图纸解组、清理底图之后导入 Revit，点选构件图层即可进行快速翻模，一人一机翻模整个项目仅需一天（图 2）。

图 2　橄榄山插件翻模

步骤二：使用 Revit Server 进行初次调整，可实现多人同时对同一个模型作业。使用阿里云服务器，将中心模型建立在云端，建模小组分地块进行初次调整，每半小时向中心文件进行一次同步，有效地减少了小组建模的重复作业，使效率再次提升 30% 以上，一个 4～5 人的建模小组调整模型仅需 2 天（图 3）。

图 3　使用 Revit Server 进行初次调整

步骤三：将 Revit 模型导出为 gfc 格式，再将 gfc 文件导入广联达软件，即可直接生成模型避免了广联达二次建模的重复劳动，4～5 人的建模小组二次调整模型仅需 2～3 天，同理也可逆向操作（图 4、图 5）。

图 4　Revit 模型导入广联达（一）

图 5　Revit 模型导入广联达（二）

6. 经验总结

（1）使用橄榄山插件时，也可以由多人、多机分别作业。

（2）使用 Revit Server 进行初次调整时，要首先建立一个统一的坐标系。

五十五、BIM 工作分包管理的应用

1. 项目概况

抚州市一河两岸（龙津书院）项目位于江西省抚州市临川区西南部，临崇路以东，规划在临川才子大桥以南，西南毗邻龙泉古寺。项目包含仿古建筑工程、市政工程、园林工程、机电工程、装饰装修工程（图 1）。

图 1 项目效果图

2. 应用目标

基于与分包方的合同，制定相关的分包方管理制度、管理方法，制订工作计划，进行分包 BIM 工作组织与安排，进行分包 BIM 工作过程质量进度管理。

3. 参与部门

见表 1。

参与部门　　　　表 1

序号	部门名称	协作内容
1	工程部	现场施工管理
2	安全部	日常安全管理
3	物资部	物资材料管理
4	商务部	成本管理
5	专业分包队伍	完成分包任务

4. 应用软件

见表 2。

软件清单　　　　表 2

序号	软件名称	版本号	软件用途
1	Revit	2016	模型建立
2	Navisworks	2016	进度碰撞
3	协筑云空间	100G	数据存储
4	广联达 GTJ	2018	工程量

5. 实施流程

如图 2 所示。

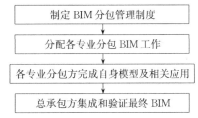

图 2 实施流程图

步骤一：建立 BIM 分包管理制度。主要有 4 个分项：

1）BIM 团队总体管理网络。

2）BIM 及成果的修改与维护。

3）系统运行例会制度。

4）系统运行检查机制。

步骤二：分配各专业分包 BIM 工作。

将 BIM 按专业划分，并将相关专业的 BIM 工作内容以交底的形式告诉各专业分包方。

步骤三：各专业分包方完成自身模型及相关应用。

在施工过程中，专业分包方应在相应部位施工前一个月，根据施工进度及时更新和集成 BIM，并进行碰撞检测，直至零碰撞为止（图 3）。使用 BIM 导出深化图纸，报业主、监理审核（图 4）。

在施工前，各专业分包方应进行施工模拟，发现施工模拟所发现的问题应提前解决，然后对班组进行可视化交底。

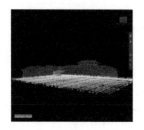

图 3　碰撞检测

对因施工变更而引起的模型修改，专业分包方在收到各方确认变更单后两周内完成（图 5）。

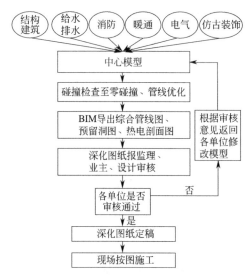

图 4　图纸深化工作流程图

分包方须按总承包方要求及时提交模型和应用成果，并对其准确性负责。对于分包方自行安排的 BIM 应用，分包方有义务告知总承包方，并提供相关结论报告副本。

步骤四：总承包方集成和验证最终 BIM。

1）创建组

首先，新建一个综合项目，然后打开各专业的模型，选中要合并的单专业模型，在修改选项卡中点击"创建组"命令，这样就把单个专业模型变成了一个组。

2）复制到粘贴板

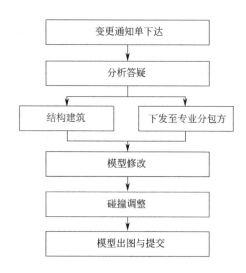

图 5　变更工作流程图

在项目浏览器中找到刚刚创建的组，单击右键，选择复制到粘贴板。

3）粘贴

然后切换到综合项目页面，在修改选项卡中点击"粘贴"命令（图 6），然后点击从剪贴板中粘贴，那么原来的单专业模型就已经复制到我们新建的综合模型中。

图 6　粘贴

4）传递项目标准

最后，通过传递项目标准，把所需要的过滤器、试图样板等传递到综合项目中即可。按照这个方法，把其他专业的模型全部合并过来，我们所需要的综合模型就合并成功了。

①总承包方 BIM 团队，暂定每两周对各专业分包方检查一次 BIM 系统的执行情况，了解过程控制和变更、修改等情况。

②总承包方 BIM 团队，检查各分包方使用的模型和软件有效性，确保模型和工作同步进行。

③总承包方按要求将最终的 BIM 成果提交给业主。

6. 经验总结

（1）BIM 平台分包方管理，需要全员配合。

（2）要定期检查各专业分包方 BIM 团队的 BIM 工作开展进度。

（3）对 BIM 平台的分包方，必须有相应的管理制度。

（4）由于综合型 BIM 应用人才的欠缺，导致了各分包方 BIM 工作质量的把控存在缺陷，容易造成分包方 BIM 工作进度滞后，或者成果质量不理想。

五十六、基于 BIM 的出图样板及协同工作应用

1. 项目概况

成都京东西南总部大厦项目（图 1），涉及 BIM 专业为强电、弱电、给水排水、暖通空调、消防、精装修。项目总建筑面积 25.5 万 m^2，体量大、结构特殊，业主对地上部分有很高的精装修要求，办公区综合管线集中。

图 1 项目效果图

2. 应用目标

根据人力资源配置、专业组成，实施 BIM 协同，搭建统一 BIM 出图样板，使二维平面与原设计高度统一，提高出图效率，减少返工。

3. 参与部门

见表 1。

参与部门　　　　　　表 1

序号	部门名称	协作内容
1	物资部	族库配合搭建
2	工程部	现场复核
3	商务部	创效配合

4. 应用软件

见表 2。

软件清单　　　　　　表 2

序号	软件名称	版本号	软件用途
1	Revit	2016	模型搭建
2	Fuzor	2017	漫游指导
3	Navisworks	2016	碰撞检查
4	AutoCAD	2016	二维检查

5. 实施流程

实施流程如图 2 所示。

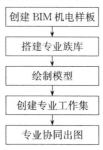

图 2 流程图

步骤一：制定项目级 BIM 应用标准，将深化标准、模型规则、模型精度统一（图 3）。

京东集团西南总部大厦项目部 BIM 模型深化及出图应用标准

中建五局安装工程有限公司
非生产性工业项目（京东集团西南总部大厦）
2018 年 10 月

图 3 制定项目级 BIM 应用标准

创建 BIM 机电样板。在机电样板中，根据项目特性定义机电管道类别、连接方式、模型的显示方式（图 4）。

FD
MD
MVD
FMD

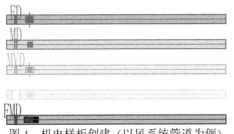

图 4　机电样板创建（以风系统管道为例）

步骤二：各专业根据本专业特性，通过映射网络驱动器的方式，搭建项目内部共享平台（图 5）。创建并共享专业族库（图 6）后，根据原设计专业图例及图层设置创建专业族（图 7），达到与原设计显示表达高度统一的状态。

网络位置 (2)
BIM协同(\\192.168.101.118)(Z:)
5.45 TB 可用，共 5.45 TB

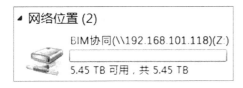

图 5　搭建项目内部共享平台

步骤三、步骤四：由于项目人力资源的限制，综合考虑项目人员 BIM 应用水平，不推荐采用 BIM 中心工作集模式进行综合管线模型绘制，采用“楼层负责制＋专业出图制”，即由单人负责单层综合机电模型绘制（图 8），然后将模型放置于项目网络驱动器，创建专业工作集，由各专业在中心工作集模式下进行专业复核，标注、出具深化施工图。

在各专业创建工作集的过程中，各专业可进行专业复核，通过权限控制，实现各专业的深化控制。

步骤五：依托于 BIM 专业族库，以及中心工作集的工作模式、各专业设置出图样式，生成本专业的图层设置，使图层、图元表达与原设计保持一致性，使整个项目过程中的图纸表达一致。同时，也使各

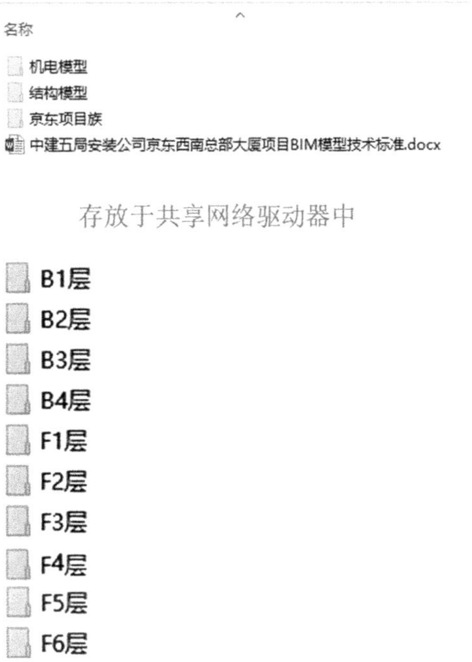

名称
机电模型
结构模型
京东项目族
中建五局安装公司京东西南总部大厦项目BIM模型技术标准.docx
存放于共享网络驱动器中
B1层
B2层
B3层
B4层
F1层
F2层
F3层
F4层
F5层
F6层

图 6　创建并共享专业族库

FD
原设计CAD图
粗略程度下模型显示
详细程度下模型显示
三维模式下模型显示

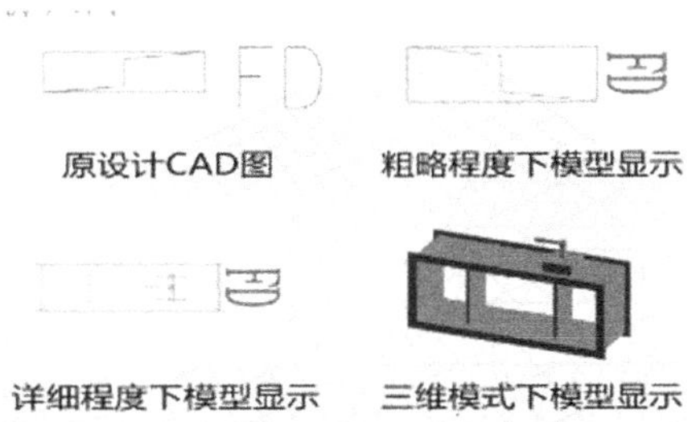

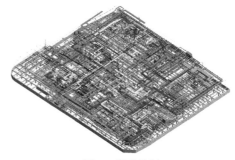

图 7　专业族的表达创建（以通风阀为例，通过内嵌符号族，控制视图显示程度）

图 8　模型绘制

专业的深化出图既保持独立，又保持统一，实现项目的 BIM 协同工作。

6. 经验总结

（1）专业模型的搭建也可先做工作集，再结合 BIM 技术搭建各专业模型。

（2）项目前期对于 BIM 应用标准的建立十分重要，模型及族命名、工作集的划分、过程模型的存档等，均需要事先考虑。

（3）模型库、模型标准的更新及传递需要定时校核、更新。

（4）需要与土建、精装修等紧密配合，在模型各专业调整更新中，可引入批注、建立模型沟通群等方式，实时交底。

第二章　安全管理

五十七、BIM 技术识别危险源（洞口防护）的应用

1. 项目概况

中国科大高新园区位于合肥高新区（图1），规划总用地约 1537 亩，由园区，附属中学、小学、幼儿园，人才公寓三部分组成。专业涉及方面广，其中包括建筑、结构、机电、装饰等 BIM 的应用。

图 1　项目效果图

2. 应用目标

通过 BIM 技术，识别模型中的危险源，提前做好安全措施防范。

3. 参与部门

见表 1。

参与部门　　　　表 1

序号	部门名称	协作内容
1	技术部	提供现场协助

4. 应用软件

见表 2。

软件清单　　　　表 2

序号	软件名称	版本号	软件用途
1	Revit	2018	建立模型
2	Fuzor	2018	识别危险源
3	CAD	2016	处理图纸

5. 实施流程

实施流程如图 2 所示。

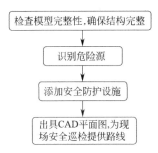

图 2　流程图

步骤一：检查项目模型的完整度，尤其检查结构部分的完整度，确保没有缺画、少画、漏画、多画，保证在后期统计时，添加临边防护区域的正确性，并逐层检查（图 3）。

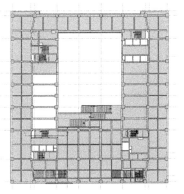

图 3　现场模型图

步骤二：利用 Fuzor 软件识别模型中的危险源（图 4、图 5）。

图 4　Fuzor 识别危险源

图 5　Fuzor 识别完成

步骤三：在 Revit 中对洞口设置盖板，对临边设置防护栏。一层一层设置好防护（图 6）。

步骤四：将设置好盖板、护栏的模型导出平面图。根据平面图，对现场进行一对一布置。在后期安全检查中，也可以根据平面图制定合理路线，确保每一处洞口、每一处临边都能被检查到（图 6）。

图 6　临边防护

6. 经验总结

模型必须精细，不能出现楼板洞口未开的现象。

如果现场图纸发生变更，及时更新模型。检查变更部位是否有洞口，检查临边等安全隐患是否出现。若出现，应在现场及时更新安全防护设施。

五十八、BIM5D 在工程项目安全管理中的应用

1. 工程概况

龙湖金融中心项目位于河南省郑州市北三环辅路与九如路交叉口，北三环已通车使用，依靠龙湖外环路作为进出现场的主要施工道路。项目包含金融岛内环 4 个地块，外环 9 个地块，建筑业态为酒店、公寓、5A 级写字楼，地下 4 层，地上 22 层，建筑高度 99.8m，总建筑面积约 88 万 m^2。各地块地下结构相连为一个基坑，由于该岛为填湖造陆，施工场地狭窄，临湖而建，地下水位高，降水、排水、止水困难，施工难度极大，对总承包安全质量管理提出了极大挑战。

2. 应用目标

面对如此复杂的大型项目，借助 BIM5D 的信息技术，解决了施工现场安全管理中隐患预控难、问题跟踪难、数据积累难的三大问题。BIM5D 的应用将更加强调施工前的安全隐患预控，使得施工过程中的问题追踪更加便捷化和数据数字化。在项目结束后数据的统计与分析中，将安全监督管理工作提前，从源头保证了项目施工的安全。

3. 参与部门

见表 1。

参与部门 表 1

序号	部门名称	协作内容
1	技术部	信息收集整理
2	工程部	过程实施
3	安全部	监督总结

4. 应用软件

见表 2。

软件清单 表 2

序号	软件名称	版本号	软件用途
1	广联达 BIM5D	4.0	全程控制

5. 实施流程

根据项目实际施工的需要，制定了总体目标，结合项目职能部门及施工阶段，进行任务详细分解。安全监督部门的主要工作为施工准备阶段的安全策划和施工阶段的安全管理与反馈等。

为了满足安全监督管理工作的需要，拓展了 BIM5D 信息技术的应用，分别与 AR 技术、VR 技术和大数据云技术相结合，分别建立了 VR 安全体验馆、AR 仿生信息模型与智能移动端 APP、数据云计算等。这些信息技术的应用在保证项目安全施工的同时，进一步提升了人员的工作效率和管理水平。

步骤一：危险源的预控应用。

在利用 BIM5D 进行施工模拟的过程中，结合公司项目层级对实际施工过程中存在的重大危险源进行初步识别，并进行重点管理。对于重大危险源，应结合施工技术和工艺流程，编制危险源防护方案。从施工过程入手，在施工中完成，这样既保证了施工的安全，也不会对施工进度造成大的影响。对于一般安全隐患，设置相应的巡视点，使安全排查责任到人，达到有效地排查现场安全隐患的目的，将风险从源头进行抑制。

步骤二：问题追踪的应用。

针对现场出现的安全隐患管理，要遵循 PDCA 的管理原则，在实际管理中，存在诸多因素使该管理过程并没有实现闭合。在传统的整改过程中，需要安全管理人员拍照后出具整改单，将整改单下发给各个

施工队的负责人，整改后，将整改结果反馈。对于体量大、施工工艺复杂、安全隐患较多的项目，传统隐患整改的工作方式显然已不适用，也对安全管理人员的管理水平提出了较高的要求。利用 BIM5D 信息协同管理智能移动端，安全管理人员对现场检查时，可对问题点进行拍照、描述、上传，系统会自动通知相关责任人，提高了工作效率。

步骤三：数据轻量化的应用。

安全管理人员在对现场进行安全检查时，可将现场安全隐患直接进行拍照、描述整改事项、上传云端、生成电子整改单，系统自动通知相关责任人，省去了纸质整改单的烦琐程序。在一段时间内，后台对形成的检查记录，将安全隐患类型和发生部位等相关信息进行汇总和统计分析（可一键生成安全检查分析报告），并且根据不同责任方进行分类。有助于对相关问题的快速查看、及时整改，从源头监管施工安全问题，减少了施工质量事故的发生。

步骤四：安全教育中的应用。

利用 BIM＋VR 技术，建立了虚拟样板。应用 VR 技术，自主研发了 VR 安全体验馆，将虚拟现实眼镜接入到 VR 场景中，连接好操作手柄，带上头盔，进行身临其境的事故体验，强化现场人员安全意识。此外，对重要施工节点进行施工交底时，相比传统的文字和说教交底，三维可视化的动画模型交底能更加清晰地展示工艺工序、规范要求及重、难点控制，从而降低交底难度，减少现场施工失误造成的返工、误工及经济损失。在工人上下班期间，将制作完成的动画，在主要通道的 LED 屏上循环播放，实现对工人现场施工的教育和指导。

6. 经验总结

BIM5D 增强了对危险源的把控、对隐患全过程的追踪，简化了工作流程，在实现数字化管理的基础上，创新了安全教育方式。

五十九、BIM 技术的安全管理应用与可追溯记录

1. 项目概况

赣州市南康区家居小镇 PPP 项目北山孵化器工程，主体结构为钢结构，1 号与 3 号塔楼有 12 层、50m 高，2 号塔楼有 16 层、66m 高。因为钢结构的缘故，楼层有大量的空隙与孔洞，如何做好安全管理是本工程的重中之重。

2. 应用目标

根据模型分析，对安全管理区域添加相应的安全防护，并形成可追溯的安全管理记录。

3. 参与部门

见表 1。

参与部门　　　　　表 1

序号	部门名称	协作内容
1	技术部	提供技术资料
2	安全部	提供安全资料

4. 应用软件

见表 2。

软件清单　　　　　表 2

序号	软件名称	版本号	软件用途
1	Revit	2018	土建模型
2	Tekla	—	钢结构模型
3	Rhino	—	幕墙模型
4	Twinmotion	2019	模型渲染

5. 实施流程

实施流程如图 1 所示。

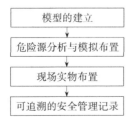

图 1　流程图

步骤一：模型的建立。在施工初期建立相对正确的模型，并对其进行修改，确保模型精度与实物足够相符（图 2）。

图 2　结构模型

步骤二：危险源分析与模拟布置。在模型中找到施工过程中的危险源，对安全网、生命线、操作平台以及安全通道等进行模块化布置，保证施工安全（图 3、图 4）。

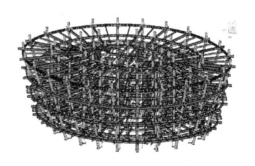

图 3　结构模型

步骤三：现场实物布置。根据模型分析与虚拟布置，并与现场进度相结合，对模型中分析出的重大安全防护位置，根据相关规范进行安全防护布置（图 5）。

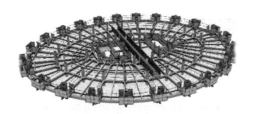

图 4　安全防护布置

现场效果

图 5　现场实物

步骤四：可追溯的安全管理记录。通过采集现场数据，与 BIM 相结合，建立安全风险、文明施工等数据资料库，将整理的资料与模型相关联，并做好相应的命名，实现记录可被追溯（图 6）。

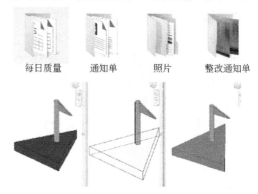

每日质量　　通知单　　照片　　整改通知单

图 6　安全管理记录

6. 经验总结

（1）对于安全管理的可追溯记录有所欠缺。

（2）对安全管理分析，在做场地布置时，可将全部因素考虑进去，如塔式起重机、临时用电、基坑防护等。

第三章 质量管理

第八节 虚拟样板

六十、全景虚拟样板展示区制作的应用

1. 项目概况

线网中心大厦位于光谷五路以西,神墩一路以北,项目规划用地面积 1.52 万 m^2,地上建筑面积 9.2 万 m^2,分为 A 塔线网中心、B 塔智慧大厦。A 塔地上共 22 层,建筑总高度 110m,B 塔地上共 35 层,建筑总高度 170m,地下室深 16m 共 3 层。A 塔采用型钢混凝土框架结构,B 塔采用钢管混凝土框架结构,裙房共 5 层采用混凝土框架结构。此次施工范围包括地下室+裙房+A 塔,项目效果图见图 1。

图 1 项目效果图

2. 应用目标

该方法可以将实体样板展示区集成到虚拟样板展示区内,并通过扫码可以快速查看样板展示,使得样板展示区可被重复使用,节约了制作实体样板展示区的成本,极大地加强了虚拟样板的灵活性、可重复

利用性。

3. 参与部门

见表 1。

参与部门　　　　　表 1

序号	部门名称	协作内容
1	工程部	样板宣传
2	安全部	二维码展示牌

4. 应用软件

见表 2。

软件清单　　　　　表 2

序号	软件名称	版本号	软件用途
1	Revit	2018	模型制作
2	Twinmotion	2019	模型渲染
3	PTGui	4.0	全景图制作
4	720 云	—	全景展示

5. 实施流程

实施流程如图 2 所示。

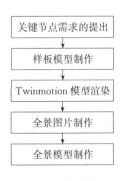

图 2 流程图

147

步骤一：征集技术部、工程部意见，制定虚拟样板展示区的关键节点及样板要求标准，在 Revit 中制作出虚拟样板展示区的模型（图3）。

图3　虚拟样板展示区模型

采用 Revit 建模的时候，一定要对模型的细节及不同颜色区域的材质分别设置。不可采用相同的材质建立模型，否则会导致在后期渲染模型材质设置时，出现相互干扰的问题。

模型是虚拟样板展示区制作的基础，因此，模型必须准确，并且符合规范要求。应组织人员进行模型会审，保证模型的准确性。

步骤二：将 Revit 制作好的样板模型，导入到 Twinmotion 中进行材质设置（图4）。在材质设置完成之后，进行其他场景模型的设置（图5），图片效果设置见图6，最后导出分镜头模型（图7）。

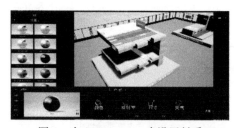

图4　在 Twinmotion 中设置材质

图5　其他场景模型的设置

步骤三：基于步骤二生成的分镜头模型，采用 PTGui 进行全景照片的制作，分镜头模型导出时请注意将 Twinmotion 焦距设置为100mm。通过上下及4个方向上下45°的总共10张照片，在 PTGui 中进行合成，同时在 PTGui 的设置中也需要将焦距改成100mm。

图6　图片效果设置

图7　导出分镜头模型

在 Twinmotion 中导出的分镜头模型的像素质量越高，制作全景时分辨率可以设置得更高，便可以得到更为清晰的全景图。

步骤四：全景模型制作好之后便可以登录云平台进行全景模型的编辑。在全景模型的编辑中，可以将视角解说、详细构造方法、施工步骤及交底等文件绑定至虚拟样板之中，使得模型包含的信息更为丰富（图8）。全景模型的场景越多，虚拟化展示的角度便越多，虚拟化展示模型的展示空间越大，因此，在制作全景模型时应该尽可能多地生成不同角度的全景模型。

步骤五：当全景模型制作完毕后，可以进行模型发布及二维码制作。二维码可以被制作成活码的形式，方便在后续模型加入到同一个二维码链接时，不再需要制

图8 全景模型编辑

作新的二维码，图9是制作完成的全景模型。

6. 经验总结

（1）模型制作一定要精准，要保证后续展示区无错误。

（2）尽量采用活码的形式制作二维码，可以节省现场二维码展示牌制作、更换的费用。

图9 制作完成的全景模型

六十一、虚拟样板 AR 技术的应用

1. 项目概况

万家丽路 220kV 电力隧道工程为总承包项目（图 1），是湖南省首条电力盾构隧道，涉及 BIM 专业为结构。项目包含 11 个盾构竖井，以及 6km 长的盾构隧道，本工程体量大、分散，专业穿插多，对项目的质量管控，带来了巨大的挑战。

图 1　隧道实景图

2. 应用目标

通过建立轻量化 AR 模型，生成虚拟样板，只需用手机在图纸上进行扫描，就会出现一个三维 BIM，同时，可移动手机对模型进行全方位地观察。减少了由于对图纸的误读和信息传递失真，所造成的巨大损失，减少了施工人员反复读图、识图所耗费的时间。

3. 参与部门

见表 1。

参与部门　　表 1

序号	部门名称	协作内容
1	工程部	现场施工数据
2	物资设备部	提供设备参数

4. 应用软件

见表 2。

软件清单　　表 2

序号	软件名称	版本号	软件用途
1	Revit	2015	模型建立
2	3Dmax	2015	轻量化
3	RAVVAR	—	AR 应用

5. 实施流程

以盾构机刀盘为例，实施流程如图 2 所示。

图 2　流程图

步骤一：根据盾构机设备参数，在 Revit 内建立盾构机刀盘模型（图 3），将模型导出格式为 FBX 或 OBJ 的三维模型。

图 3　Revit 模型建立

步骤二：将盾构机刀盘三维模型导入 3Dmax，进行轻量化处理（图 4），处理完成后，再次导出格式为 FBX 或 OBJ 的三维模型。将三维模型文件压缩至一个 zip 文件包内，压缩文件包不能出现文件夹、中文名文件或文件名内含有特殊字符的文件。

步骤三：RAVVAR 内新建 AR 场景。

图 4　3Dmax 轻量化处理

导入识别图以及压缩文件，进行合理参数设置后保存上传至 RAVVAR 平台（图 5）。

图 5　RAVVAR 平台设置

步骤四：通过 RAVVAR APP 扫描识别图纸，可方便地获得盾构机刀盘 AR 模型，并全方位查看 AR 模型（图 6）。

图 6　查看 AR 模型

6. 经验总结

（1）导入 RAVVAR 平台之前，三维模型文件需要将所有的文件压缩至一个 zip 压缩文件包内，压缩文件包不能出现文件夹、中文名文件或文件名内含有特殊字符的文件。

（2）模型文件大小不超过 30M。

（3）识别图应清晰，提高 AR 识别度。

六十二、BIM 技术在建筑工程虚拟样板中的应用研究

1. 项目概况

项目位于郑州市郑东新区北龙湖金融岛，定位为世界级金融商务区。建筑面积约 88 万 m^2，包括酒店、公寓及写字楼，结构类型为框架核心筒结构，地下 4 层，地上 22 层，裙房 4 层，建筑高度 99.8m（图 1），为河南省重点项目，社会关注度高。为达到多、快、好、省的目的，根据项目的实际情况，并结合公司建筑信息化技术的发展规划，利用 BIM 技术以单点应用解决项目现场实际问题，以综合应用为项目建设增值，以应用研究为行业做贡献。

图 1　项目效果图

2. 应用目标

落实样板引路制度，替代实体样板，解决成本，为公司在建类似项目落实样板引路制度提供技术支持。

3. 参与部门

见表 1。

参与部门　表 1

序号	部门名称	协作内容
1	技术部	内容制作
2	工程部	现场交底
3	劳务部	过程学习

4. 应用软件

见表 2。

软件清单　表 2

序号	软件名称	版本号	软件用途
1	Revit	2018	模型建立
2	CoolEditPro	3.1.2	配音
3	Unity	3.0	平台搭建
4	3Dmax	2018	模型渲染
5	Premire	CS6	视频剪辑

5. 实施流程

步骤一：虚拟样板实施流程设计。需要听取各个项目的意见，根据需求进行框架设计，通过相应的功能满足各个部门的实际应用。使用功能应包括：资源分类组合、资源上传和下载、身份验证和分级权限管理、资源后台存储和痕迹保留、数据分析等功能。虚拟样板构建的过程中主要以人为本，方便实际应用为首要因素，具体设计原则如下：

1）操作简单：流程简单、步骤少、信息丰富、易查找。

2）功能自由：受众为本、自由发挥、权限自由、后台处理。

3）展现方式人性化：场景真实、动画演示、人机互动、自由切换。

4）信息共享：使用痕迹自动保存、接口开放、随时上传。

步骤二：基于 BIM 的虚拟样板建模，根据 BIM 策划建模标准。项目分专业建立了标准模型：土建样板、机电样板、钢结构样板、基础设施样板、精装修样板等。BIM 虚拟样板的建模过程就是样板图纸可视化的过程，根据样板图纸，赋予各构件准确材质及外观，对需要展示质量标准的位置进行切割预留展示。针对本工程设计图纸及相关安全文明施工标准做法，对项目复杂节点、施工要点以及采取相应的安

全文明施工措施，建立局部模型，直观地展示该部位施工方法及质量标准要求（图2~图5）。

图2　土建样板　　图3　机电样板

图4　精装修样板　　图5　基础设施样板

步骤三：基于BIM＋AR的样板数据信息的移动端研究。为了真正发挥虚拟样板的价值，总承包方应用最前沿的AR技术并结合BIM技术，将已收集到的质量样板及优秀施工经验数字化，对样板内容的匹配机制、样板的新颖表现形式和有效的表达效果进行研究，建立了数字化样板库和信息读取系统。

在龙湖金融岛项目中，通过应用公司开发的AR技术，在移动端将二维设计图纸及三维模型与现实结合，与劳务实名制系统相对接，能够查看现场人员的所有交底记录，并辅助施工现场的技术管理和质量管理。此项工作无需经验丰富的技术人员即可完成，减少管理人员数量和资金投入，消除由于交底不到位产生的质量安全风险（图6和图7）。虚拟样板使用时只需消耗少量电，成本可忽略不计，可随时随地交底，多次使用和首次使用没有区别。实现施工交底，质量安全排查、整改，信息交流的智能交互。

步骤四：基于BIM＋VR的样板轻量化、可视化技术研究。将虚拟样板代替传统的实体样板与VR安全交底集成到移动式质量安全体验馆内（图8、图9），可在

施工企业内多个项目间调拨周转。

图6　虚拟样板移动端

图7　虚拟样板交底

图8　虚拟样板安全体验馆

图9　VR体验

应用VR技术。通过自主研发的VR安全体验馆，进行虚拟安全交底。VR技术的沉浸式体验，使现场人员真切体验到由于不正确的操作和不安全行为所带来的严重后果，强化了现场人员安全意识。可

视化技术将传统被动式的说教式教育，转变为主动式的引导教育，引起了施工一线工人的极大学习兴趣，现场安全隐患和不安全行为数量明显降低。

6. 经验总结

（1）通过 BIM 技术突破了传统样板区固定展示方式，避免了实体样板造价高、资源浪费、流于形式的弊端，切实地解决了样板引路落地难的一系列问题，有效地降低样板的经济和管理精力的投入。

（2）实现移动端多方智能交互的便捷操作、云端数据集中整合、台账的智能统计，将相关工作有机地衔接，极大地提高了工作效率。

（3）与 VR 结合，以直观视频的方式改变了传统"一张纸、一张嘴"的交底方式，以沉浸式体验的方式，改变了传统被动式说教的安全教育培训方式。

第九节　质量管理

六十三、BIM 技术在地下室防水质量管控方面的应用

1. 项目概况

中建五局大连长实项目位于辽宁省大连市西岗区黑咀子码头地块。工程范围为 A1 区地下建筑、4～20 号、26 号楼，共占地面积 74478m²，总建筑面积 369429.50m²，其中，地上总建筑面积 238923.50m²，地下总建筑面积 130506m²（图 1）。

图 1　项目效果图

2. 应用目标

提高防水施工质量，探索 BIM 在质量管控中的应用。

确保防水材料信息准确、防水施工工艺无问题。

3. 参与部门

见表 1。

参与部门　　　　表 1

序号	部门名称	协作内容
1	工程部	施工配合检查、信息录入
2	物资部	材料合理进场

4. 应用软件

见表 2。

应用软件　　　　表 2

序号	软件名称	版本号	软件用途
1	Revit	2016	建立模型

续表

序号	软件名称	版本号	软件用途
2	3Dmax	2014	动画渲染
3	Premiere	2017	视频整合、润色
4	CAD	2010	图纸查看及修改

5. 实施流程

步骤一：明确施工内容及做法。通过设计单位提供的地下室防水图纸，明确设计意图及做法。针对设计提供的做法，提出相应的施工方案，并研讨施工方案的可行性，最终明确合理的施工工艺，达到设计要求（图 2）。

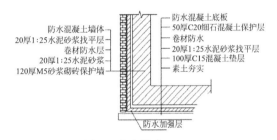

图 2　防水做法（mm）

步骤二：合理选择材料。建立筏板模型，集水坑、电梯井、砖胎膜尺寸要正确，在此基础上绘制卷材面层，按施工工艺进行阴阳角处理、前后搭接及预留。根据施工分区，进行分区工程量统计，统计该区域防水卷材面积，根据图纸说明选择对应材料，合理安排防水卷材进场时间，避免因进场时间过长导致卷材变质、裂纹（图 3）。

步骤三：追踪材料。明确材料用量后，统一定制购买材料。依据材料自身的型号、规格信息，分类包装、运输。依据预先通过 BIM 确定的材料进出场路线，运送材料

至施工现场，堆放在事先预留好的该类型材料的堆放位置。做好各型号材料明确的标识，录入材料库存统计表中，方便材料的统计及管理。

图 3　防水卷材选材

步骤四：创建精细化节点模型，进行施工模拟。通过确定好的地下室防水施工工艺，创建对应的模型。通过 BIM 相关软件（如 3Dmax）进行施工模拟，模拟真实施工情况：卷材如何施工、基层如何处理、搭接要求等，完整地表述整个地下室防水施工的流程（图 4）。

步骤五：整合渲染视频。由于现场及人员的情况限制，将施工模拟导出的素材文件，导入相应视频处理软件中，加以配音、标注，在后期剪辑成视频（图 5），方便技术交底。

步骤六：移动端共享。随着建筑要求的提高，施工工艺也趋于复杂化，由于现场施工人员能力参差不齐，口口相传的交底方式可能存在表述模糊等问题，通过移动端观看视频动画，直观展现施工工艺，使得交底清晰明了、明确易懂。直观展示项目内部具体情况，各组成构建详细信息，提供合理维护方案，提升维修效率，保证项目质量，树立良好口碑。

图 4　防水做法

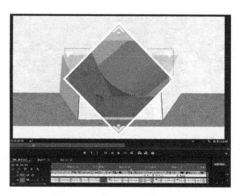

图 5　整合渲染视频

六十四、BIM 技术在质量管理中的应用

1. 项目概况

天津恒悦华府项目位于天津市津南区咸水沽，津南环线与雅润路交叉口，总建筑面积 433698.26m²。其中，地下建筑面积 145701.18m²，地上建筑面积 287997.08m²。共 50 栋单体建筑，包括 8 栋高层、16 栋 7F 洋房、6 栋 6F 洋房、1 栋 5F 洋房、1 栋 3F 影院、11 栋低层及多层类住宅及商业、2 栋低层和多层商业、1 栋 2F 菜市场、1 栋 3F 配套公建、1 栋站务用房等（图 1）。

图 1 项目效果图

2. 应用目标

通过 BIM 模型的建立、工序动画的演示、质量管理平台与二维码等的应用，对质量管理进行提前预控、过程纠偏、协同管理，提高质量管理的质量与效率。

3. 参与部门

见表 1。

参与部门 表 1

序号	部门名称	协作内容
1	技术质量部	模型建立交底
2	工程部	交底与实施

4. 应用软件

见表 2。

软件清单 表 2

序号	软件名称	版本号	软件用途
1	Revit	2018	模型建立
2	3Dmax	2018	精装修渲染
3	Fuzor	2018	动画模拟
4	CAD	2018	模型绘制
5	草料二维码	—	二维码制作

5. 实施流程

质量管理图见图 2。

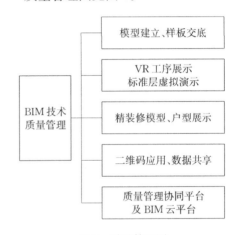

图 2 质量管理图

步骤一：对质量样板、工艺样板进行 BIM 模型的建立，即通过 CAD、Revit 等软件进行二维、三维模型的创建（图 3），结合现场实际与质量标准的要求对其参数进行设置。

图 3 三维模型的创建

通过 Revit 软件进行工艺样板模型的创建、复杂工序拆分交底，以此为基础实现质量管理的提前预控。

步骤二：通过步骤一创建的复杂工序节点模型和工艺样板模型。运用 Fuzor 软件对模型进行 VR 展示及工序模拟。对房间开间和进深、构件位置尺寸进行直观展示、过程纠偏，实现 VR 辅助验收与实体验收相结合（图4、图5）。

步骤三：通过步骤一、步骤二所创建的标准层模型和工艺样板模型，使用 3DMax 软件对模型进行渲染及精装修布置、户型展示（图6、图7）。

图4 VR辅助验收　　图5 标准层虚拟验收

图6 精装修模型　　图7 户型展示

步骤四：通过二维码技术的应用，在楼栋显著位置设置质量验收二维码，将过程验收记录及时上传，确保在过程中可被随时查阅（图8）。

步骤五：通过质量管理协同平台实现现场质量检查记录、通知单及时上传，明确整改责任人、整改完成时间、上传整改照片，辅助现场安全管理，实现现场安全信息化管理。

通过质量管理 VR 及 BIM 云平台管理，制作全景图，上传 BIM 云平台，使项目管理人员随时随地利用移动端对模型进行查看，实现文件共享、模型共享、动态查询、实时同步。

图8 二维码应用（举例）

6. 经验总结

（1）利用 Revit 软件结合 Fuzor 软件实现模型的动画模拟及实时渲染。

（2）通过二维码技术与质量管理平台相结合，在过程中实时更新二维码内容，实测实量，使过程检查记录可被随时查阅，提高项目整体质量意识。

第四章　进度管理

六十五、Fuzor-Construction 施工进度模拟

1. 项目概况

项目位于赣江新区核心商务区及儒乐湖总部经济大楼核心地带，金水大道与建业大街交汇处，毗邻港口大道，距离赣江约 800m，工程总投资 13.1 亿元，规划总用地面积 5 万 m^2，总建筑面积 18 万 m^2，总工期 28 个月（图 1）。

图 1　项目效果图

2. 应用目标

根据施工总进度计划，对静态三维模型实现施工进度动画模拟，直观、快速地将施工计划与实际进展进行对比，动态展示项目进度，检验施工总进度计划的合理性，优化施工流程，最大限度节约工程成本。

3. 参与部门

见表 1。

	参与部门	表 1
序号	部门名称	协作内容
1	施工部	合理性验证

4. 应用软件

见表 2。

	软件清单		表 2
序号	软件名称	版本号	软件用途
1	Fuzor	2018	进度模拟

5. 实施流程

步骤一：处理模型信息。打开 Revit 三维静态模型，如果模型精度高，可对每层构件规范命名，直接导入 Fuzor。如果模型构件命名混乱，需先规范好模型文件命名，再导入到 Fuzor。通过过滤器选择某层构件，在属性栏中的标识数据栏内标记某层构件的信息，处理完后点击 Fuzor Plugin，点击 Launch Fuzor 2018 Virtual Design Construction 将 Revit 模型导入到 Fuzor。

打开 Fuzor2018，点击 4D Simulation 图标，输入总体开始时间和完成时间。

点击 Filters。点击新建图标，选择参数，输入筛选条件值，点击运营商图标，选择筛选条件，输入筛选值为某层构件信息，点击高亮显示。

选择某层构件。点击新建图标，修改任务名称，输入计划开始时间、完成时间，剩余构件任务处理方式同理。

点击 Content Library。点击建设图标，选择施工机械，以挖掘机为例制作施工机械动画，点击显示比例菜单可改变施工机械显示的大小。

点击增加插入关键帧图标，对施工机械进行动画模拟。

步骤二：Fuzor 施工模拟视频显示。点击 Fly Through 图标，点击添加新视点

图标，天气、曝光程度和相机角度等参数根据项目要求而定，添加新视点完成后，点击渲染图标显示视频。

6. 经验总结

若模型精度不够时，要使用过滤筛选条件处理模型信息。

六十六、平台进度管理应用

1. 项目概况

重庆轨道交通 9 号线一期工程土建 12 标施工范围包含 3 站 3 区间（青岗坪站，青岗坪站～宝圣湖站，宝圣湖站，宝圣湖站～兴科大道站，兴科大道站及站后折返线），线路全长 4032.6m，合同额概算 11.77 亿元，合同总工期为 48 个月，施工日期为 2016 年 9 月～2020 年 9 月。青岗坪车站为 12 标的控制性工程，是复杂明挖车站的典型工程（图 1）。

图 1　项目效果图

2. 应用目标

依据 BIM 平台开展项目生产进度管理，利用信息化手段提升信息传递效率，自动汇总工程进度信息，提高项目管理效率与质量，同时使得管理过程可被追溯。

3. 参与部门

见表 1。

参与部门　表 1

序号	部门名称	协作内容
1	技术部	制订生产计划

4. 应用软件

见表 2。

软件清单　表 2

序号	软件名称	版本号	软件用途
1	BIM 项目管理云平台	V1.3	制订任务计划、审批与执行，生产完成情况收集
			自动统计生产完成情况，在线查看模型信息

续表

序号	软件名称	版本号	软件用途
2	BIM 项目管理云平台 APP 端	V1.3	个人工作提醒
			录入生产完成情况；查看生产完成情况；个人任务提醒

5. 实施流程

实施流程如图 2 所示。

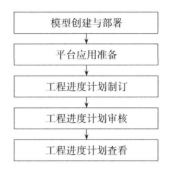

图 2　流程图

步骤一：模型创建与部署。模型创建必须符合《中建五局工程施工 BIM 模型建设标准》与《中建隧道建设有限公司 BIM 建模标准（A 平台版）》。平台部署由中建隧道 BIM 中心完成，部署项目须提供管理人员清单及个人协同号作为登录用户与账号平台。

步骤二：平台应用准备。平台为 B/S 架构与手机 APP 端联合使用，推荐用户使用 Chrome 浏览器作为工作浏览器，手机 APP 由中建隧道 BIM 中心安装。

步骤三：工程进度计划制订。依次选择进度功能→选择单位工程→选择子单位工程→选择分部工程→选择子分部工程→选择模型名称→选择模型位置，确定本阶段要施工的分项工程、本施工任务的施工时间段，选择暂时保存施工计划或提交施工计划进行审批。

步骤四：工程进度计划审核。按固有的审批流程，有权限的管理人员对工程进度计划进行审核。

步骤五：工程进度计划查看。当工程进度计划编制完成后，可以在计划展示界面对现有的施工进度计划进行查看。

步骤六：工程进度信息采集。工程计划制订之后，现场管理人员通过对工程计划内容进行质量报验，完成信息统计。

步骤七：工程进度信息对比。工程进度信息收集完成后，平台会自动对工程完成情况进行汇总，并进行分析。

步骤八：平台可以自动生成统计报表、在线施工日志、施工模拟。

6. 经验总结

该方法依赖中建隧道 BIM 项目管理云平台实现。

中建隧道 BIM 项目管理云平台无专业差别，适用于各工程专业。

平台开发存在漏洞与功能不完善，需要被持续优化与改进。

第五章 成本管理

六十七、BIM 在成本管理（工程算量）中的应用

1. 项目概况

泉州台商投资区海湾大道（海江大道 16 号码头）工程（图 1），涉及 BIM 专业为桥梁与 U 形槽结构。项目包含 4.28km 桥梁与 1.66km 的 U 形槽结构，工期紧、任务重，项目的预算工作与成本管控面临巨大挑战。

图 1 项目效果图

2. 应用目标

可根据建立的参数化模型，快速计取工程量，核算设计图纸给定的工程量，在前期阶段快速、准确地复核工程量，在图纸出现变化时调整参数，生成新模型，获取新的工程量。

3. 参与部门

见表 1。

参与部门 表 1

序号	部门名称	协作内容
1	测量部	坐标及标高复核

4. 应用软件

见表 2。

软件清单 表 2

序号	软件名称	版本号	软件用途
1	Revit	2017	模型建立
2	Dynamo	2.0.2	可视化编程

5. 实施流程

实施流程如图 2 所示。

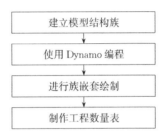

图 2 流程图

步骤一：按照项目分部分项工程划分，建立桥梁与 U 形槽分部结构族，如桥梁桩基、承台、墩身，U 形槽侧墙（图 3）、排水沟等。

图 3 U 形槽侧墙

在生成各个分部的结构族之后，将族进行参数化处理，为后面图纸出现变化、同步更新模型做准备。

步骤二：利用步骤一生成的参数化族，通过可视化编程软件 Dynamo 进行节点包的编制，即由数据处理生成线路中心线节点包，放置族构件节点包，完成模型绘制的编程。

数据处理是将图纸中给定的结构物信息，如桥墩墩底标高、墩身高度、支座高度，U 形槽底板标高、侧墙顶标高等转化为可以通过 Dynamo 程序直接导入到 Revit 相应构件的处理信息。

步骤三：基于步骤二所编制的 Dynamo 节点包，在 Revit 软件中快速绘制模型（图 4）。

图 4　快速绘制模型

项目中异形结构物多，如双曲花瓶墩、箱梁、U 形槽结构等，全线最大高差超过 10m，平纵曲线复杂。使用 Dynamo 建立模型计算的方式，不仅提高了工程算量的速度，也提高了建立模型的准确性，只要保证模型是正确的，得到的工程量就是准确的。已建立好的模型可被用于其他方面，如可视化交底、施工模拟、碰撞检测、安全质量管理、运维信息管理等。

步骤四：在 Revit 中编制工程数量表（图 5），提取工程数量。

结构框架明细表		
族与类型	顶部高程	体积
××	××	××
××	××	××
××	××	××

图 5　编制工程数量表

6. 经验总结

（1）参数化族库的建立和完善是加快模型建设的必经之路。

（2）对于道路桥梁中曲线复杂的情况，须利用 Dynamo 进行编程建模才能与设计图吻合。

（3）模型建立的正确性与速度，有助于图纸会审以及核算工程量。

六十八、满堂脚手架快速算量技术应用

1. 项目概况

线网中心大厦位于光谷五路以西，神墩一路以北，项目规划用地面积 1.52 万 m²，地上建筑面积 9.2 万 m²，分为 A 塔线网中心、B 塔智慧大厦。A 塔地上共 22 层，建筑总高度 110m。B 塔地上共 35 层，建筑总高度 170m，地下室深 16m 共 3 层。A 塔采用型钢混凝土框架结构，B 塔采用钢管混凝土框架结构。裙房共 5 层，采用混凝土框架结构。此次施工范围包括地下室＋裙房＋A 塔线网中心大厦（图 1）。

图 1　项目效果图

2. 应用目标

可使用 Revit 和建模大师快速布置满堂脚手架模型，导出模架工程量及布置图纸，能准确指导现场模板、钢管等物资的采购、现场模架搭建验收。

3. 参与部门

见表 1。

参与部门　　　　　表 1

序号	部门名称	协作内容
1	工程部	模架搭设管理
2	物资部	物资采购

4. 应用软件

见表 2。

软件清单　　　　　表 2

序号	软件名称	版本号	软件用途
1	Revit	2018	主体模型建模
2	建模大师	2.0	模架系统生成

5. 实施流程

实施流程如图 2 所示。

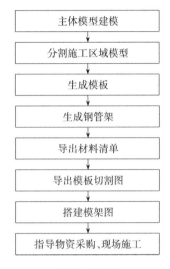

图 2　流程图

步骤一：利用 Revit 对主体模型进行详细、准确的建模。模型建立好之后进行模型审核，完成审核之后，对将要进行支模架生成区域的模型进行分割处理，分离出需要处理部分的主体模型（图 3）。

图 3　通过主体模型分割施工区域模型

主体模型分割完成之后，通过建模大师软件的木模板生成工具，对主体模型的柱、梁、板进行模板生成（图 4）。

通过建模大师生成的配模方案，有利于现场实际模板的采购。及模板的分割方

图 4　生成木模板配模模型

钢管扣件生成清单列表。

图 5　模架系统模型

案可以有效地减少施工现场对模板的随意切割，节约模板。

步骤二：在模板配模方案生成后，可以开始木枋及钢管架的生成。对于模架的生成，则需要进行参数设置，通过模架搭设规范及受力分析得到的模架搭设参数。用线网中心大厦项目负 2 层地下室顶板梁、柱举例，先对结构柱模架参数设置：柱尺寸 500mm × 600mm，次楞木枋间距 200mm，柱箍及对拉螺杆取 450mm。结构梁的模架参数：侧模板次楞间距取 200mm，侧模板主楞及对拉螺杆取 450mm，底模板次楞间距取 200mm，主楞间距取 450mm，梁底立杆设置为 3。楼板模架参数设置：次楞间距为 300mm，架体立柱间距设置为 1000mm，水平步距为 1500mm，最后生成模架系统模型（图 5）。

步骤三：模板及支模架生成完成后，要对生成的模型进行检查，对发现的错误要进行修改，修改完毕之后便可将模板、

统计完工程量清单后，可导出表单。辅助物资部对模板、钢管扣件进行采购管理，对各项周转材料进行周转管理。

步骤四：将生成的模架系统导出三维轻量化模型（图 6），配合平面图纸指导现场施工人员施工。

图 6　支模架三维图

6. 经验总结

（1）模架生成时，参数设置一定要准确。

（2）模型切割宜精准，分割得越小，得到的模型越准确。模架生成之后一定要对局部错误进行手动调整。

第六章　平台应用

六十九、基于 BIM 技术的质量安全平台搭建

1. 项目概况

金赣服务中心 EPC 项目位于江西省国家级赣江新区儒乐湖核心地带，紧邻赣江，项目包含房建工程、市政工程、园林工程、机电工程、装饰装修及一条江西省首个地下行车环网系统等工程（图 1）。

图 1　项目效果图

2. 应用目标

通过手机移动端采集现场质量安全信息，上传至 BIM 平台，在平台中完成质量安全问题整改的过程记录及流程闭合，为项目质量安全管理提供数据支撑。

3. 参与部门

见表 1。

参与部门　　　　　　　　　表 1

序号	部门名称	协作内容
1	技术质量部	质量问题上传
2	安全部	安全问题上传

4. 应用软件

见表 2。

软件清单　　　　　　　　　表 2

序号	软件名称	版本号	软件用途
1	Revit	2016	模型建立
2	广联达 BIM5D	V2.0	搭建平台

续表

序号	软件名称	版本号	软件用途
3	协筑云空间	100G	数据存储
4	Revit2BIM5D	Plugin	格式导出
5	BIM5D 管理工具	—	权限管理
6	BIM5D 移动端	3.5.8	信息采集

5. 实施流程

实施流程如图 2 所示。

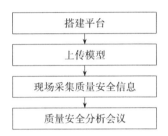

图 2　流程图

步骤一：搭建平台。

在 BIM5D 平台端创建本地项目，而后通过 BIM5D 管理工具，创建云端空间项目，并将本地项目绑定在云空间，升级为协同项目（图 3）。将项目相关管理人员加入到协同项目中，并对其账号进行权限管理。

步骤二：上传模型。

利用 Revit 插件，导出平台所需模型文件格式，上传模型至平台。

步骤三：现场采集质量安全信息。

通过 BIM 平台手机 APP 将施工现场发现的质量问题、安全问题上传至 BIM 平台，平台会自动将信息推送给相关人员，督促相关人员整改及查验。

图 3　将本地项目升级成为协同项目

项目管理人员通过 BIM 平台随时随地掌握现场质量安全情况，预防质量安全事故的发生，提高项目质量安全管理水平。所有信息都被记入到平台中，可做到管理留痕，避免扯皮。

步骤四：定期组织质量安全分析会。

对 BIM 平台任意时间段内的质量安全问题的统计结果进行分析，并提出具有针对性的整改措施。

通过平台自动统计结果，方便掌握施工现场质量安全趋势，使得项目质量安全管理有效可控。

6. 经验总结

（1）BIM 平台质量安全管理的实施需要全员配合（包括专业分包及劳务人员）。

（2）BIM 平台质量安全管理必须以考核制度为保障，才能得到有效的实施。

七十、BIM＋智慧工地系统的应用

1. 项目概况

华融湘江银行营业用房项目是由华融湘江银行股份有限公司投资兴建的集金融、行政办公、培训等功能于一体的地标性超高层建筑。总建筑面积 17.25 万 m^2，建筑总高度 238m。涉及 BIM 专业为结构、建筑和机电专业（图 1）。

图 1　项目效果图

2. 应用目标

通过 BIM 和软件开发技术打造一套集物联网、云计算、BIM＋、智能开关等功能于一身的智能建造系统，直接进行扁平化管理，最终达到现场安全、质量、进度和项目成本的有效管控，搭建一个智能而高效的施工现场项目管理平台。

3. 参与部门

见表 1。

参与部门　　　　　　表 1

序号	部门名称	协作内容
1	工程部	进度管理
2	安全监督部	安全管理
3	质量监督部	质量管理
4	物资部	材料管理
5	机电设备部	设备管理

4. 应用软件

见表 2。

软件清单　　　　　　表 2

序号	软件名称	版本号	软件用途
1	Revit	2016	模型建立
2	Unity 3D	—	平台搭建
3	Visual Studio Code	—	系统编辑
4	Sublime Text	—	系统编辑

5. 实施步骤

步骤一：进度管理。模型中实时展示了施工进度动态信息，可用特别手段区别正在施工的楼层和已经完成施工的楼层（图 2、图 3）。

图 2　正在施工的楼层界面图

图 3　已经施工完成的楼层可视化

系统将根据已录入的总进度计划，与现场实际进度进行对比，如出现进度滞后，系统将自动预警。管理者可根据预警信息，在后续施工中制定抢工措施，赶上计划进度，实现施工进度动态的管理与维护。

步骤二：质量安全管理。质量安全实现了"发现问题＋整改＋复核＋销项"的循环管理模式（图 4）。管理人员可将发现的问题以"文字＋照片＋责任单位＋落实人员"的方式上传至管理系统，后台自动将整改信息及时通知整改人员，并形成整改、复核、销项的跟踪管理。

图 4　质量循环管理模式下的系统模型

同时，系统后台可对质量安全问题进行统计分析，能及时统计出问题的种类、数量、发生位置以及责任单位，便于对责任单位或人员进行考核管理，并制定针对性措施。

步骤三：材料管理。系统结合 BIM 与 GPS 技术，成功实现了对混凝土车的运输跟踪。该模块能实时查看运输途中混凝土车数量，混凝土数量、强度等级以及混凝土车预计到达时间，确保现场混凝土被及时供应。在与搅拌站协同互动的工作中，提高混凝土浇筑的效率，并通过对混凝土运输过程信息进行分析，防止不良行为的发生。

步骤四：设备管理。系统模型中展示了塔式起重机及施工电梯的布置数量以及定位。通过智能采集数据，系统自动实现了模型与实际的动态同步，扫描二维码即可知晓施工电梯的实时运行楼层（图 5）。

图 5　塔式起重机运行实时监控

塔式起重机实行实名制驾驶管理，系统自动对操作人员超吊、疲劳驾驶等不安全行为进行预警，给操作人员发送警告信息，提醒其立即停止违规操作，并记录在案，管理人员能定期调取记录。

步骤五：消防管理。以项目 BIM 为基础对现场作业人员进行消防疏散模拟，甄别并分析影响逃生的因素，最终确定各类情形下的最优逃生路线，达到安全预防的作用（图 6）。

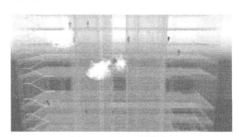

图 6　消防疏散模拟

步骤六：人员定位。通过定位系统终端，形成全覆盖的人员定位网络，工人只需打开手机定位，即能实时查看相应工人位置、姓名、工种等实名制信息。通过区分定位光标的颜色，可直观判断进场工人是否通过安全教育及考核，便于有针对性的安全教育管理，确保安全教育全覆盖（图 7）。

图 7　人员实时定位

6. 经验总结

（1）对安装在施工现场的各类传感器，通过增加适当的防护措施，可大大降低硬件故障率。

（2）质量安全和设备管理的统计分析结果，可作为对劳务分包管理的依据。

参 考 文 献

［1］ 何关培．"BIM"究竟是什么？［J］．土木建筑工程信息技术，2010，2（3）：111-117.

［2］ 孙斌．BIM技术的现状和发展趋势［J］．水利规划与技术，2017，（3）：13-14＋22＋72.

［3］ 杨熊，于军琪，赵安军．BIM技术在建筑智能化中的应用［J］．现代建筑电气，2016，（10）：41-43.

［4］ 李飞，刘宇恒，杨成等．基于BIM技术的施工场地布置研究与应用［J］．土木建筑工程信息技术，2017，9（1）：60-64.